Kiran Rajpara
Upendrasingh Jadeja
Khyati D. Patel

Síntese e atividade antimicrobiana de derivados de tiazóis

Kiran Rajpara
Upendrasingh Jadeja
Khyati D. Patel

Síntese e atividade antimicrobiana de derivados de tiazóis

ScienciaScripts

Imprint
Any brand names and product names mentioned in this book are subject to trademark, brand or patent protection and are trademarks or registered trademarks of their respective holders. The use of brand names, product names, common names, trade names, product descriptions etc. even without a particular marking in this work is in no way to be construed to mean that such names may be regarded as unrestricted in respect of trademark and brand protection legislation and could thus be used by anyone.

Cover image: www.ingimage.com

This book is a translation from the original published under ISBN 978-620-2-30984-4.

Publisher:
Sciencia Scripts
is a trademark of
Dodo Books Indian Ocean Ltd. and OmniScriptum S.R.L publishing group

120 High Road, East Finchley, London, N2 9ED, United Kingdom
Str. Armeneasca 28/1, office 1, Chisinau MD-2012, Republic of Moldova, Europe
Printed at: see last page
ISBN: 978-620-8-32500-8

Prefácio

A prevalência crescente de bactérias Gram-positivas e Gram-negativas multirresistentes e de fungos continua a impulsionar a procura e o desenvolvimento de novos agentes antimicrobianos activos contra estes agentes patogénicos. Na procura de novas moléculas bioactivas, o desenvolvimento de moléculas híbridas através da combinação de diferentes farmacóforos numa única estrutura pode conduzir a compostos com propriedades biológicas interessantes. À luz das actividades biológicas interessantes associadas aos derivados de 4-oxo-tiazolidina à base de tiazol, considerou-se útil sintetizar algumas moléculas híbridas que incorporam tanto o núcleo de tiazol como o de 4-oxo-tiazolidina.

O objetivo deste livro é fornecer um breve perfil biológico de derivados de 4-óxido-tiazolidina baseados em tiazóis recentemente sintetizados. Incluímos a síntese, a caraterização e a ação antimicrobiana de derivados de 4-oxo-tiazolidina baseados em tiazóis. Este estudo foi realizado pelo Dr. Kiran M rajpara no Departamento de Química da Universidade Maharaja Krishnakumarsinhji Bhavnagar, Bhavnagar (Gujarat). O autor expressa a sua sincera gratidão às autoridades do Departamento de Química da Universidade Maharaja Krishnakumarsinhji Bhavnagar. Esperamos que os leitores possam apreciar este texto e considerá-lo útil nos seus respectivos estudos.

DrKiran M Rajpara
Dr. Upendrasingh Jadeja
DrKhyati Patel

Índice de conteúdo

Capítulo l 3
Capítulo 2 37

Capítulo l

Introdução

Âmbito de aplicação do capítulo

Este capítulo apresenta uma introdução à química medicinal, ao significado biológico e às vias de síntese dos derivados do tiazol e da 4-oxo-taiazolidina

1.1 QUÍMICA MEDICINAL

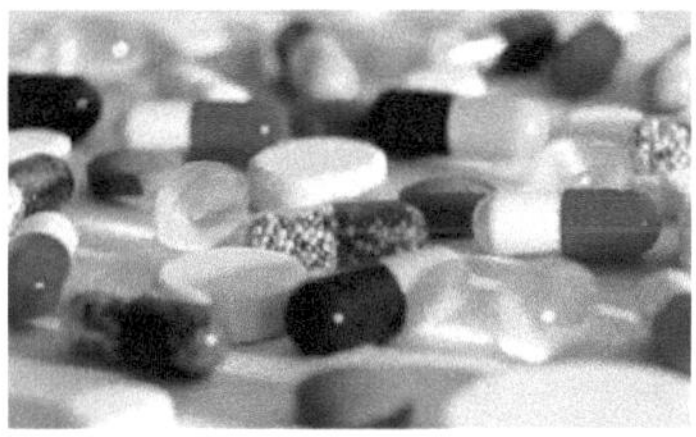

Como definição de trabalho para a Química Medicinal, *digamos* simplesmente que *a química medicinal utiliza princípios físicos orgânicos para compreender a interação de pequenos mostradores moleculares com o domínio biológico.* Os princípios físicos orgânicos englobam considerações gerais de conformação, propriedades químicas e potenciais electrostáticos moleculares, bem como parâmetros estereoquímicos, hidrofílicos, electrónicos e estéricos distintamente localizados. A compreensão destas interações pode fornecer conhecimentos fundamentais e básicos que são gerais, bem como específicos dos compostos, nas suas aplicações destinadas a melhorar o perfil global de uma determinada apresentação molecular ou a conceber uma NCE (Novas Entidades Químicas), por exemplo, através de perturbações de processos biológicos discretos ou de vias biológicas globais, provocadas por pequenas moléculas, com o objetivo de obter um determinado ponto final terapêutico. As pequenas exposições moleculares devem ser pensadas em termos de compostos de baixo peso molecular que são tipicamente de origem xenobiótica e, portanto, não em termos de polímeros derivados da biotecnologia. Embora estes últimos estejam a ser abordados de forma agressiva por outros domínios, deve notar-se também que a consideração de pormenores específicos associados à interação de pequenas porções moleculares de sistemas biomoleculares mais complexos continua a ser da competência da química medicinal. Em alternativa, o domínio biológico deve ser considerado de forma muito ampla, ou seja, de modo a abranger toda a gama de novos sistemas relacionados com ADMET (absorção, distribuição, metabolismo, eliminação e toxicidade), bem como a gama tradicional de superfícies biológicas que podem ser exploradas para algum tipo de interação eficaz. As tecnologias que podem ser utilizadas como ferramentas para estudar estas interações ao nível fundamental de compreensão da química medicinal estão, por intenção, dissociadas da definição de química medicinal. Atualmente, essas ferramentas incluem métodos relacionados com a biotecnologia, como a mutagénese dirigida ao local, métodos de química combinatória, desde que estes últimos sejam associados a bases de dados estruturais geradoras de conhecimentos, e manipulações químicas sintéticas de longa data que podem ser realizadas de forma sistemática em qualquer uma das espécies em interação, a fim de explorar as relações estrutura-atividade (SAR). No futuro, a química medicinal deve estar igualmente preparada para explorar quaisquer novos instrumentos e técnicas que se tornem disponíveis para lhe permitir avançar mais eficientemente de acordo com a sua definição independente da tecnologia. Por último, deve ter-se em conta que esta definição funde as naturezas básica e aplicada das actividades científicas da química medicinal numa mistura fundamental de esforços para os quais foi também recentemente proposto um novo paradigma de investigação como sendo uma tendência significativa,[1] ainda que potencialmente "perigosa" na medida em que poderia comprometer a prossecução a longo prazo dos conhecimentos fundamentais ao introduzir critérios de decisão da ciência aplicada nos programas de financiamento que anteriormente apoiavam a ciência básica pura.[2]

Drogas

Os fármacos são substâncias químicas, normalmente de baixo peso molecular, que interagem com alvos macromoleculares para produzir uma resposta biológica. Essa resposta pode ser útil do ponto de vista terapêutico, no caso dos medicamentos, ou prejudicial, no caso dos venenos. A maioria dos fármacos utilizados como medicamentos são potenciais venenos se tomados em doses superiores às recomendadas. A procura de medicamentos é análoga, pelo que é essencial ter uma boa ideia do tipo de moléculas susceptíveis de se tornarem medicamentos de sucesso antes de começar. O meio de administração de medicamentos normalmente preferido é o oral. Embora não haja garantias e haja muitas excepções, a maioria dos medicamentos orais eficazes obedece à regra dos cinco de Lipinski. Os dados em que esta regra se baseia são retirados de 2500 entradas extraídas dos Nomes Adoptados dos EUA, das listas mundiais de medicamentos e da coleção interna de compostos da Pfizer. Existem quatro critérios:

> A substância deve ter um peso molecular igual ou inferior a 500.
> Deve ter menos de cinco funções doadoras de ligações de hidrogénio.
> Deve ter menos de dez funções de aceitação de ligações de hidrogénio.
> A substância deve ter um log P calculado (*c* Log) entre aproximadamente -1 e 5.

Em suma, o composto deve ter um peso molecular comparativamente baixo, ser relativamente apolar e dividir-se entre uma fase aquosa e uma fase lipídica específica a favor da fase lipídica, mas, ao mesmo tempo, possuir uma solubilidade em água percetível.

Definição e descoberta de medicamentos

Os especialistas em ciências biológicas e em química medicinal trabalham em estreita colaboração ao longo de todo o processo de descoberta de medicamentos. Para além dos especialistas em biologia e química terapêutica, a descoberta de um novo medicamento envolve a colaboração de especialistas em I&D farmacêutica e de equipas de investigação clínica, compostas por médicos, enfermeiros e outros especialistas em saúde. Para a indústria farmacêutica, a descoberta de um novo medicamento representa um enorme desafio científico e consiste essencialmente na identificação de novas moléculas ou compostos. Idealmente, estes últimos tornar-se-ão medicamentos que actuam de novas formas sobre alvos biológicos específicos das doenças que requerem novas abordagens terapêuticas.

Classificação dos medicamentos

Existem várias formas de classificar as drogas:

> De acordo com o seu efeito farmacológico - por exemplo, analgésicos, medicamentos que têm um efeito analgésico.
> Dependendo da sua ação sobre um determinado processo bioquímico - por exemplo, os anti-histamínicos actuam inibindo a ação do agente inflamatório histamina no organismo.
> De acordo com a sua estrutura química - os medicamentos classificados desta forma partilham uma caraterística estrutural comum e, frequentemente, partilham uma atividade farmacológica semelhante - por exemplo, a penicilina

contém o anel β-lactâmico e mata as bactérias pelo mesmo mecanismo.

> De acordo com o seu alvo molecular - esta é a classificação mais útil para o químico medicinal, uma vez que permite a comparação racional das estruturas envolvidas. Por exemplo, os anticolinesterásicos são compostos que inibem uma enzima chamada acetilcolinesterase.

Muitos medicamentos são ácidos orgânicos ou bases orgânicas que são utilizados como sais. Estes provocam: (a) modificações das propriedades físico-químicas, como a solubilidade, a estabilidade, a fotossensibilidade e as caraterísticas organolépticas. (b) Melhoria da biodisponibilidade através da modificação da absorção, aumento da potência e extensão do efeito e (c) redução da toxicidade.

Aplicações dos medicamentos

> Para fornecer elementos em falta no organismo: por exemplo, vitaminas, sais minerais, hidrolisados de proteínas e hormonas.
> Para a prevenção de uma doença ou de uma infeção: por exemplo, soros e vacinas.
> Para lutar contra uma infeção: por exemplo, quimioterápicos, incluindo antibióticos.
> Bloqueio temporário de uma função normal: por exemplo, anestésicos gerais e locais e contraceptivos orais.
> Correção de uma função alterada: (i) disfunção: por exemplo, cardiotónicos para o tratamento da insuficiência cardíaca congestiva: (ii) hipofunção: por exemplo, hidrocortisona para o tratamento da insuficiência suprarrenal: (iii) hiperfunção: por exemplo, metildopa na hipertensão arterial;
> Desintoxicação do organismo: por exemplo, antídotos.

Ação biológica

O efeito dos medicamentos resulta de um padrão complexo de processos em que intervêm vários factores. No seu conjunto, podem observar-se três fases na ação dos medicamentos: a fase farmacêutica, uma fase farmacocinética e uma fase farmacodinâmica.

a) **Fase farmacêutica:** Esta fase é também chamada de fase de exposição, onde ocorre a desintegração da forma em que o fármaco é administrado. A fração da dose que está disponível para absorção constitui uma medida da disponibilidade farmacêutica.

b) **Fase farmacocinética:** Esta fase é o estudo do que acontece a um medicamento quando é administrado a um doente. Há quatro factores principais a ter em conta:

(1)Absorção de medicamentos: A maioria dos medicamentos tem de atravessar as células que revestem a parede intestinal para chegar ao sangue. Isto significa que têm de atravessar uma membrana celular em duas ocasiões. **(ii) Distribuição dos fármacos:** Os fármacos são primeiro distribuídos para o sangue, depois para os tecidos e órgãos. Alguns fármacos podem finalmente ser distribuídos para as células dos tecidos e órgãos. **(iii) Metabolismo dos fármacos:** O metabolismo dos medicamentos refere-se às reacções sofridas por um medicamento no organismo. As enzimas metabólicas existem principalmente no fígado e catalisam reacções que aumentam a polaridade dos fármacos. **(iv) Excreção do fármaco:** O fármaco e os seus metabolitos são excretados do organismo por várias vias, sendo a mais importante os rins. A fração da dose que atinge a circulação geral é uma medida da disponibilidade biológica.

c) **Fase farmacodinâmica:** Esta fase compreende o estudo do processo de interação do fármaco com o seu recetor. Esta interação resulta num estímulo que, após uma série de fenómenos químicos e bioquímicos, produz o efeito biológico esperado.

Começando como bibliotecas de péptidos dirigidas por cassetes genéticas e passando rapidamente para a fase sólida, bibliotecas de péptidos e nucleótidos gerados aleatoriamente -[37] esta nova tecnologia depressa se espalhou por outras disciplinas, acabando por dar origem ao novo domínio da química combinatória de moléculas pequenas. Atualmente, utilizando equipamento e plataformas disponíveis numa variedade de fornecedores, podem ser prontamente produzidas enormes bibliotecas de compostos de forma aleatória ou dirigida.[8-15] Uma vez associadas à HTS, estas tecnologias combinadas deram origem ao que passou a ser considerado como um novo paradigma para a descoberta de NCEs em todo o segmento das grandes empresas farmacêuticas.[16-18]

A Figura 1 apresenta também, lado a lado, os novos paradigmas de descoberta de medicamentos.

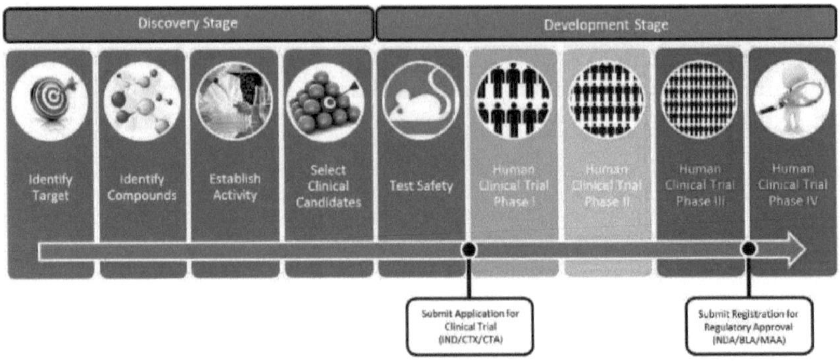

Processo de desenvolvimento de medicamentos:

O resultado da fase de descoberta é um punhado de compostos candidatos principais que demonstraram uma atividade promissora contra um medicamento alvo. É frequentemente nesta fase que os candidatos promissores são patenteados, tendo a maioria das patentes um período de vida de 20 anos. Estes candidatos são sujeitos a testes adicionais de segurança e eficácia, primeiro numa fase de desenvolvimento pré-clínico e depois em ensaios clínicos com doentes humanos. A maior parte da rendibilidade resultante da venda de um medicamento ocorre enquanto este está a ser vendido como o único tratamento protegido por patente. Esta janela de oportunidade será maximizada se o período entre a concessão da patente e o lançamento comercial do medicamento, ou seja, a fase de desenvolvimento do medicamento, puder ser o mais curto possível. Como já foi referido, a fase de desenvolvimento é a mais dispendiosa em termos de introdução de um medicamento no mercado, pelo que as tecnologias ou abordagens que reduzem o tempo que um medicamento passa nos ensaios, que reduzem o número de doentes nos ensaios ou que tornam a recolha e a análise de dados mais eficientes, podem contribuir duplamente para a rentabilidade final de um medicamento - reduzindo os custos de desenvolvimento e aumentando o período de comercialização. A fase dos ensaios clínicos é frequentemente subcontratada a Organizações de Investigação Clínica (CRO), que se encarregam do recrutamento de doentes e de pessoal de investigação clínica, da recolha de dados e da preparação de relatórios sobre os ensaios. Embora as CRO sejam frequentemente objeto de críticas, a sua utilização é praticamente inevitável para as empresas farmacêuticas mais pequenas que não podem suportar os custos da especialização interna.

(a) Ensaios pré-clínicos:

A fase pré-clínica preocupa-se realmente em saber se o composto pode ser transformado num medicamento que trate a doença, não seja tóxico e tenha um mínimo de efeitos secundários indesejáveis. Os testes de toxicidade são realizados para demonstrar a segurança, enquanto os testes de farmacocinética são efectuados para fornecer dados sobre a forma como um medicamento é absorvido, distribuído, metabolizado e excretado (ADME) pelo organismo. Tradicionalmente, estes ensaios são efectuados em animais, como ratos, cães e primatas não humanos, mas felizmente estão a ser cada vez mais substituídos por ensaios que utilizam culturas celulares, ou seja, células de mamíferos cultivadas fora do corpo. Além disso, foram desenvolvidos e estão a começar a ser utilizados sistemas informáticos que simulam estes testes. Há, no entanto, um limite na quantidade de informação que pode ser obtida a partir de ensaios pré-clínicos. Nalgumas doenças, como a depressão, a perturbação bipolar e a esquizofrenia, não é possível compreender a eficácia de um tratamento através de ensaios em animais ou em culturas celulares. Mais de dois terços dos candidatos pré-clínicos fracassam porque não podem ser transformados em medicamentos, quer devido à sua toxicidade, quer devido às suas fracas propriedades ADME.[11] Por este motivo, foram desenvolvidos métodos, como a otimização combinatória de pistas, que automatizam e miniaturizam os testes de toxicidade e ADME. Estes métodos permitirão que os compostos principais sejam testados numa fase mais precoce do processo de descoberta, antes de entrarem na fase de desenvolvimento, que é mais dispendiosa. A outra preocupação principal na fase de desenvolvimento pré-clínico é a capacidade de fabrico do medicamento, ou seja, como formular o composto de modo a que seja estável, tenha a dosagem correta e seja adequado para o fabrico económico em grande escala.

(b) Ensaios clínicos:

Os ensaios clínicos são utilizados para testar a eficácia e a segurança de novos medicamentos em seres humanos. Nos ensaios de Fase I, o medicamento é administrado a um pequeno número (20-80) de voluntários saudáveis para testar a toxicidade e os efeitos secundários e para determinar os níveis de dosagem corretos. Na Fase II, este ensaio é repetido num número maior (100-300) de doentes com a doença a tratar, enquanto nos ensaios de Fase II são utilizados números ainda maiores (1 000-3 000) de doentes para verificar a eficácia do medicamento e monitorizar os efeitos adversos durante a utilização a longo prazo. Várias tecnologias, como a farmacogenómica, a bioinformática e as tecnologias baseadas na Internet, podem e irão influenciar significativamente as fases clínicas do desenvolvimento de medicamentos, tanto em termos de uma melhor seleção de doentes e medicamentos para ensaios clínicos como de uma recolha e análise mais eficientes dos dados dos ensaios.

A farmacogenómica baseia-se no reconhecimento de que os medicamentos desenvolvidos para os mercados de massas não funcionam para muitas pessoas que sofrem da doença visada. Parte da razão para esta variação de resposta entre os doentes deve-se às diferentes composições genéticas. Espera-se que a farmacogenómica tenha uma série de efeitos positivos na descoberta, desenvolvimento e comercialização de medicamentos. Permitirá aos médicos prescrever os medicamentos mais adequados ao perfil genético do doente, bem como a dose óptima. Permitirá também que as empresas farmacêuticas melhorem a seleção dos participantes nos ensaios clínicos, o que permitirá eliminar os que não responderão ao medicamento. Permitirá também salvar medicamentos que possam ter falhado nos ensaios clínicos devido a reacções adversas de grupos muito pequenos da população. Embora estes efeitos sejam em grande parte positivos, a possibilidade de múltiplas variantes de medicamentos para múltiplos subgrupos da população pode aumentar o custo do desenvolvimento e fabrico de medicamentos para as empresas farmacêuticas, se os doentes ou os intermediários de cuidados de saúde exigirem terapias individualizadas.

Quimioterapia

Paul Ehrlich descobriu o famoso composto organo-arsenical *Salvarsan*, que era ativo contra os organismos causadores da sífilis. O termo quimioterapia foi introduzido por ele para indicar o tratamento de doenças microbianas através da administração de um medicamento que tinha um efeito letal ou inibitório sobre o micróbio responsável. Este foi descrito como uma "bala mágica" que, quando introduzida no corpo, destruiria apenas as bactérias a que se destinava.

Um agente quimioterapêutico é definido em função da sua função e não da sua origem. Estas substâncias são preparadas no laboratório químico ou obtidas a partir de microrganismos e de algumas plantas e animais. A ciência da quimioterapia assenta em muitas disciplinas que incluem a química orgânica, a investigação de produtos naturais, a biologia do invasor e do hospedeiro, a farmacologia, a toxicidade e a terapêutica. O Prontosil (2,4- diamino azobenzeno-4, -sulfon-amida), introduzido por Domagk em 1932, foi o primeiro agente quimioterapêutico ativo contra bactérias. Apesar do seu efeito terapêutico, não tinha atividade antibacteriana *in nitro.*

thDurante o século XX, vários compostos foram isolados, sintetizados e sujeitos a uma investigação detalhada da sua estrutura e ação farmacológica. Verificou-se que alguns dos compostos possuíam uma atividade fisiológica definida e, mais tarde, observou-se que a atividade fisiológica está associada a uma unidade de estrutura específica e, por conseguinte, à semelhança estrutural de outros compostos. A parte do fármaco que é responsável pela atividade fisiológica real é conhecida como grupo farmacóforo. Este foi ligeiramente modificado pelos processos unitários comuns e simples para dar origem a compostos mais activos com baixa toxicidade. Atualmente, as hipóteses de conceber uma substância química medicinal clinicamente útil são, de facto, muito reduzidas, uma vez que são impostas várias condições restritivas. Mesmo com os melhores resultados laboratoriais, deve ser mantida uma elevada potência no homem. Os efeitos secundários e a toxicidade aguda devem ser mínimos e não deve haver toxicidade crónica.

Existem quatro abordagens principais para a descoberta de medicamentos: (i) a expansão de classes de medicamentos conhecidos para abranger organismos resistentes a membros anteriores da classe, (ii) a reavaliação de moléculas inexploradas, (iii) o rastreio clássico de compostos sintéticos e de compostos naturais (iv) a identificação de novos agentes activos contra alvos anteriormente não explorados ou mesmo desconhecidos no agente patogénico.

Caraterísticas ideais dos agentes quimioterapêuticos

Para que os compostos químicos sejam agentes quimioterapêuticos ideais utilizados no tratamento de infecções microbianas, devem ter as seguintes qualidades

1. **Toxicidade selectiva:** O medicamento deve demonstrar uma toxicidade selectiva. Isto significa que, na concentração óptima, o medicamento deve ser tóxico para o microrganismo, mas não para o hospedeiro.
2. **Espectro antimicrobiano:** O medicamento deve ser capaz de destruir ou inibir muitos tipos de microrganismos patogénicos. Quanto maior for o número de diferentes espécies microbianas patogénicas afectadas, melhor. Por exemplo, os antibióticos mais utilizados são os de largo espetro. Um medicamento de espetro estreito é ativo contra uma ou apenas algumas espécies, quer do grupo dos Gram-positivos quer do grupo dos Gram-negativos. (por exemplo, a penicilina).
3. **Ausência de efeitos secundários:** O medicamento não deve produzir efeitos secundários indesejáveis, tais como reacções alérgicas, lesões nervosas, irritação dos rins ou danificação das células sanguíneas, etc.
4. **Não tem efeito destruidor sobre a flora normal:** O medicamento não deve eliminar a flora microbiana normal que inibe o trato intestinal ou outras áreas do corpo. A flora normal também desempenha um papel importante na prevenção do crescimento de agentes patogénicos.
5. **Ausência de inativação:** Se o medicamento for administrado por via oral, não deve ser inactivado pelos ácidos gástricos e deve ser absorvido pelo organismo a partir do trato intestinal. Se for administrado por injeção, não deve ser inactivado por ligação às proteínas do sangue.
6. **Solubilidade nos fluidos corporais:** O fármaco deve ter solubilidade nos fluidos corporais, uma vez que tem de estar numa solução para ser ativo e pode penetrar rapidamente nos tecidos corporais.
7. **Concentração suficiente do fármaco nos tecidos-alvo:** O medicamento deve ser capaz de atingir uma concentração suficientemente elevada nos tecidos ou no sangue do doente para matar ou inibir o agente patogénico.
8. **Baixa taxa de degradação do fármaco:** A taxa de degradação e de excreção do fármaco deve ser suficientemente baixa para que o fármaco permaneça nos tecidos infectados o tempo suficiente para exercer os seus efeitos.
9. **Não desenvolvimento de resistência aos medicamentos:** O medicamento deve inibir os microrganismos de forma a impedir o desenvolvimento de formas de resistência dos agentes patogénicos aos medicamentos.
10. **Viabilidade estável:** O medicamento deve ter uma atividade viável prolongada, mesmo quando armazenado à temperatura ambiente.

11. **Facilmente disponível a um custo/preço acessível:** Os médicos têm de comparar os agentes quimioterapêuticos disponíveis para selecionar o mais adequado para o tratamento de uma infeção específica[19] . No entanto, os criadores de um medicamento tentam obter a melhor combinação possível de propriedades para uma utilização humana eficaz.

Neste livro, incorporámos dois heterociclos híbridos medicamente importantes, como o tiazol e a 4-oxo-tiazolidina. São as nossas tentativas agressivas de procurar novas moléculas bioactivas.

1.2 Introdução aos tiazóis

Os tiazóis são uma das classes mais intensamente investigadas de heterociclos aromáticos com cinco membros. Foi descrito pela primeira vez por Hantzsch e Weber em 1887.[20] Este sistema de anéis de cinco membros contendo heteroátomos de enxofre e azoto nas posições 1 e 3, respetivamente, está envolvido em muitos dos produtos naturais. Por exemplo, o anel de tiazólio presente na vitamina Bi **(1)** serve de sumidouro de electrões e a sua forma coenzimática é importante para a descarboxilação dos α-cetoácidos.[21] Os tiazóis e os seus derivados são compostos muito úteis em vários domínios da química, incluindo a medicina e a agricultura. Além disso, os tiazóis são também intermediários sintéticos e subestruturas comuns em numerosos compostos biologicamente activos, como vários derivados de penicilinas **(2)** e tiazóis antibacterianos.[22] Os tiazóis reduzidos servem para o estudo de polipéptidos e proteínas e ocorrem como unidades estruturais em compostos de importância biológica.[23]

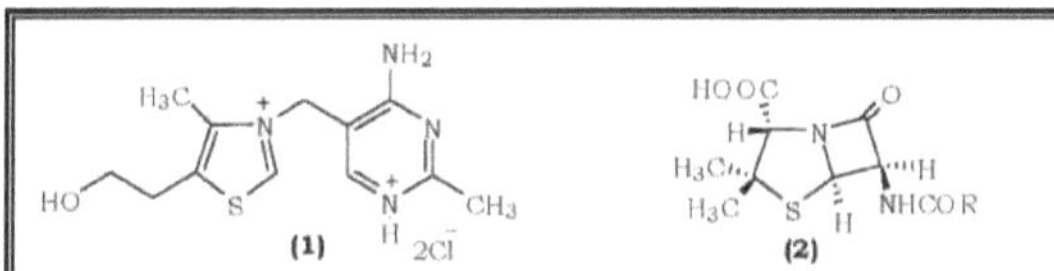

Thiamin (Vitamin B_1) — Penicillin G ($R = -CH_2C_6H_5$)

As propriedades do tiazol são semelhantes às do oxazol e o átomo de azoto com um par de electrões não partilhado é de natureza básica. Entre os diferentes heterociclos aromáticos, os tiazóis ocupam uma posição proeminente no processo de descoberta de fármacos[24] e esta estrutura em anel encontra-se em vários fármacos comercializados, cuja atividade farmacêutica é apresentada a seguir. Também podem ser utilizados numa estratégia de salto de andaimes[25] ou como isósteros de amida[26] durante o processo de sondagem das relações estrutura-atividade para a otimização de pistas. Como resultado, os tiazóis são frequentemente incluídos na conceção ou utilizados como estrutura central para a síntese de bibliotecas químicas.[27] Assim, o núcleo do tiazol tem sido muito estudado no domínio da química orgânica e medicinal.

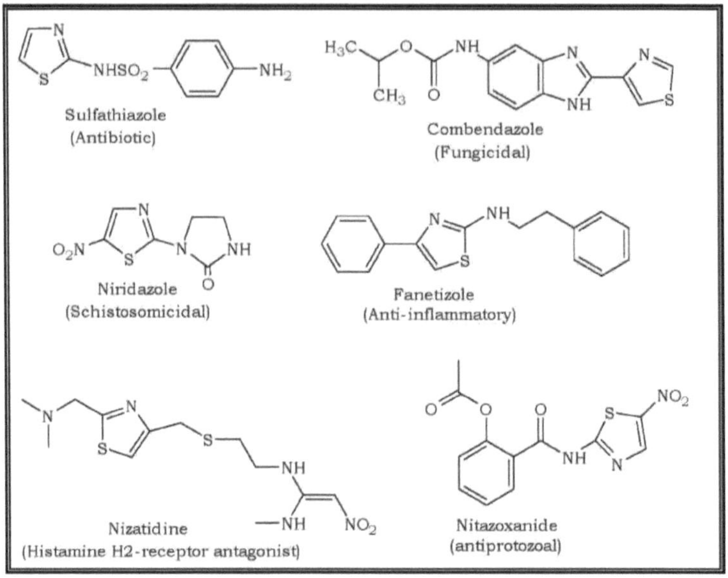

Análogos à base de tiazóis disponíveis no mercado

Síntese de tiazóis:

Tendo em conta a importância dos tiazóis e dos seus derivados, foram desenvolvidos vários métodos para a síntese de derivados de tiazóis por Hantzsch, Tchernic, Cook-Heilborn, Gabriel e outros grupos.[28] Recentemente, os derivados de tiazóis foram sintetizados utilizando catalisadores como o 12-molibdofosfato de amónio,[29] ciclodextrina,[30] iodo[31a] e cloreto de sílica[31b] em solventes orgânicos a temperatura elevada e solventes como a 1-metil-2-pirrolidinona,[32] e com a utilização de micro-ondas.[33] Existem vários métodos para a síntese de compostos tiazólicos, que podem ser classificados nas estruturas parciais ilustradas na **Figura 1**. A primeira destas estruturas **(Figura 1)** é, de longe, a mais útil e versátil de todas as sínteses de tiazóis. Através de uma escolha criteriosa dos reagentes, permite a colocação de substituintes alquilo, arilo e heterocíclico em qualquer uma das posições 2, 3, 4 ou 5 do anel. Este método, mais conhecido pelo nome do químico alemão Hantzsch, que o originou em 1887, envolve a condensação de um composto com dois heteroátomos no mesmo carbono com um composto com um halogéneo e uma função carbonilo em dois carbonos vizinhos. Uma grande variedade de compostos pode servir como reagente nucleofílico nesta reação, como a tioamida, a tioureia, o tiocarbamato de amónio ou o ditiocarbamato e os seus derivados.[34]

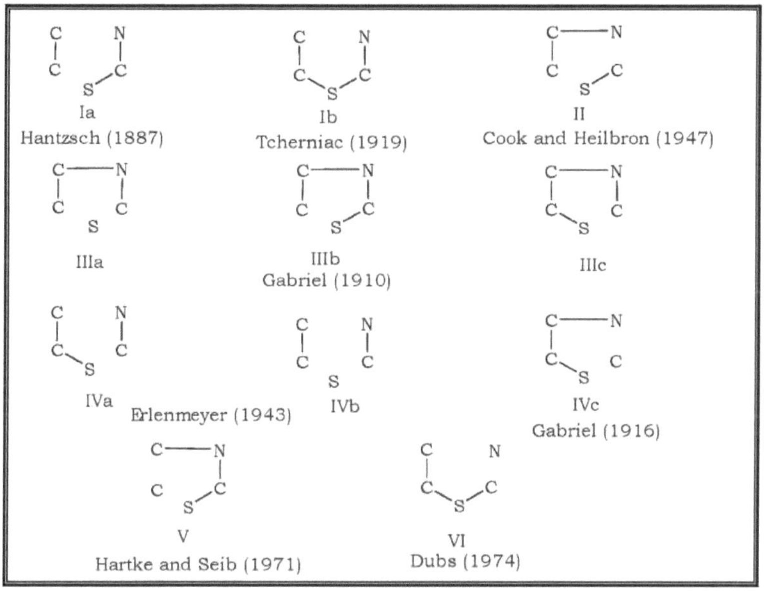

Figura 1- Diversos tipos de fechamento de anel para tiazóis

(1) Síntese a partir de compostos α-halocarbonílicos (tipo la): Síntese de Hantzsch

Descrita pela primeira vez em 1887 por Hantzsch, a ciclização de compostos α-halo carbonílicos por uma grande variedade de reagentes que contêm o fragmento N-C-S do anel continua a ser o método de síntese de tiazóis mais utilizado.

Mecanismos de síntese de Hantzach

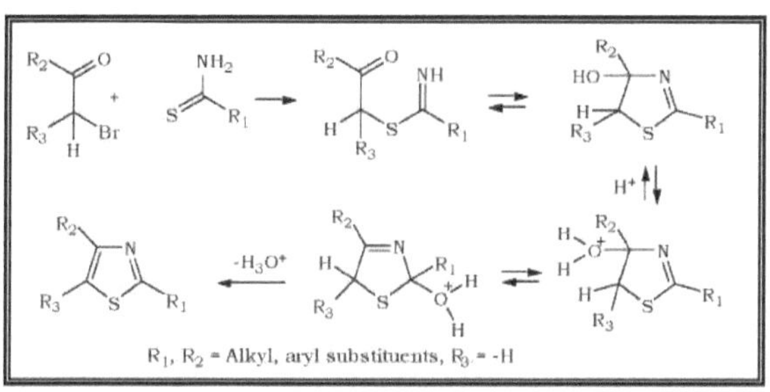

1. *Reacções com tioamidas*

A. Cloroacetaldeído e seus derivados

O próprio tiazol **(5)** pode ser obtido por condensação do cloroacetaldeído **(3)** e da tioformamida **(4)**.[33,36]

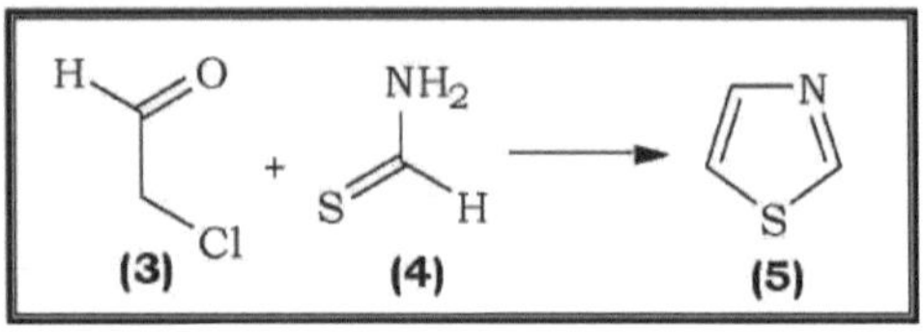

B. Condensação com tioamidas superiores (tiazóis 2,4-dissubstituídos e 2,4,5-trissubstituídos).

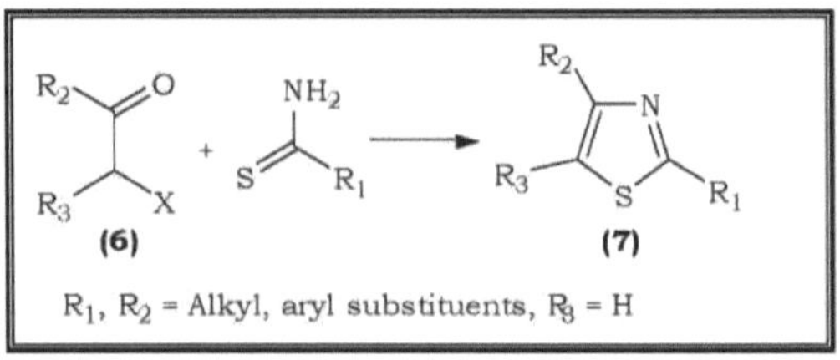

A reação de uma tioamida com compostos α-halocarbonílicos **(6)** tem sido amplamente aplicada, tendo sido descritos muitos tiazóis **(7)** com grupos funcionais alquilo, arilo, arilquilo ou heteroarilo nas posições 2, 4 ou 5.

C. Condensação de α-haloketona com ditioamida (tiazóis 2,4-dissubstituídos)
A ciclização de dois moles de α-haloketona com ditioamida **(8)** resultou em 1,4-bis(4- fenil-2-tiazolil)benzeno **(9)** com elevado rendimento.[37]

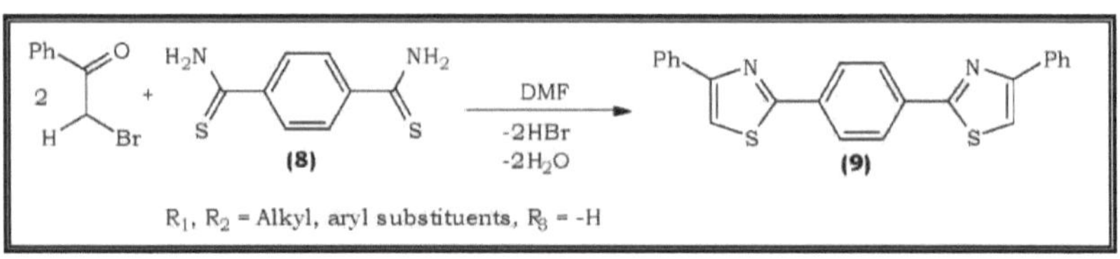

2. *Reação com tioamidas N-substituídas (sais de tiazólio)*

Os sais de tiazólio podem ser obtidos com êxito através de uma modificação da síntese do tiazol de Hantzsch. Este método é particularmente útil para os compostos de tiazólio em que o substituinte no azoto do anel não pode ser introduzido por alquilação direta, por exemplo, sais de tiazólio arilo ou heteroarilo. As tioamidas *N-monossubstituídas* **(10)** foram ciclizadas com compostos α-halocarbonílicos para dar sal de tiazólio **(11)** em excelentes rendimentos.[38-41]

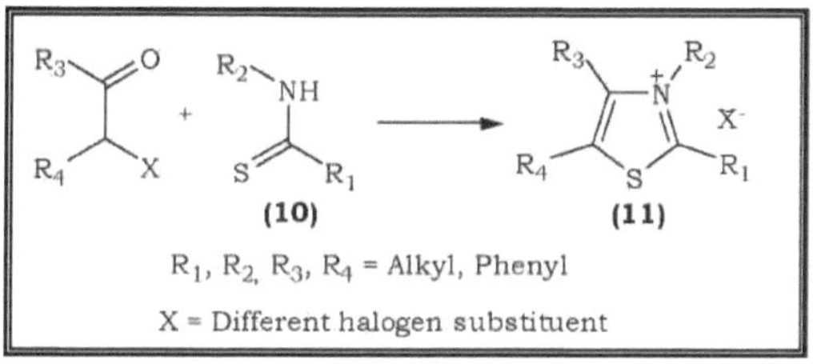

3. Reação com tioureia.

De todos os métodos descritos para a síntese de compostos tiazólicos, o mais eficiente envolve a condensação de partes equimolares de tioureia e α-halo-cetonas ou aldeídos para produzir os correspondentes 2-aminotiazóis **(12a)** ou os seus tautómeros 2-imino-Δ-4-tiazolina **(12b)** sem subprodutos.

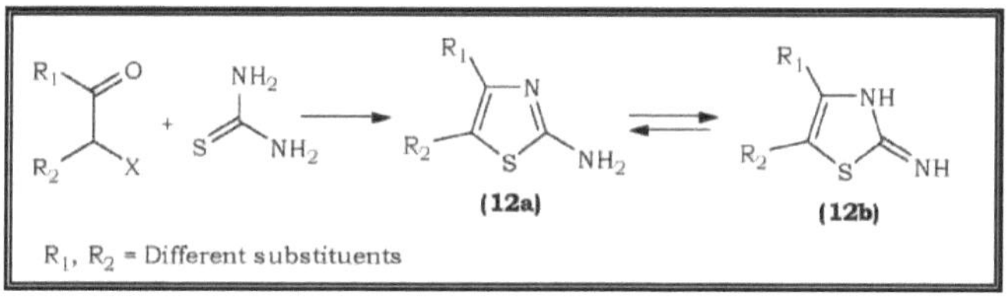

4. Reacções com tioureias N-substituídas.

A. Tioureias *N-monossubstituídas*

A ciclização de tioureas *N-substituídas* **(13)** com compostos de halo carbonilo deu origem a aminotiazóis 2-monosubstituídos[42] **(14)**.

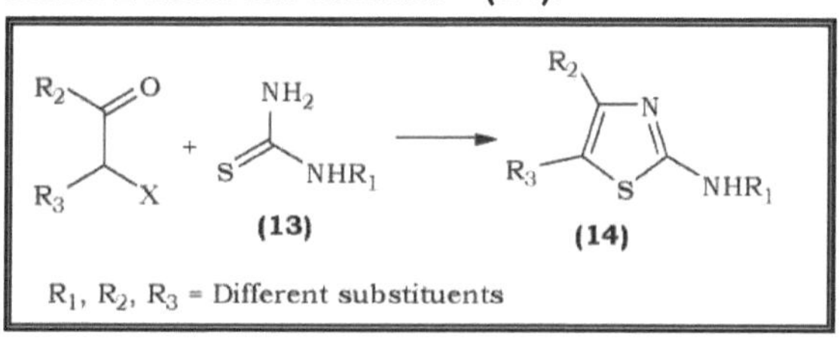

B.Tioureias *N,N-dissubstituídas*

As tioureias *N,N-dissubstituídas* **(15)** condensaram-se com compostos α-halocarbonilo para dar aminotiazóis 2-dissubstituídos **(16)**, mas com rendimentos inferiores[43-46] (30 a 70%).

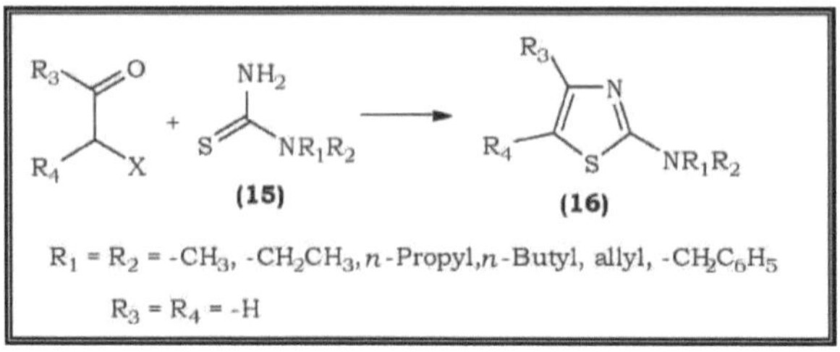

5. *Reação com sais e ésteres do ácido tiocarbâmico: 2-hidroxi-tiazóis e derivados*

Este método, iniciado por Marchesini,[47] em 1893, consiste na condensação de um composto α-halocarbonílico com tiocarbamato de amónio **(17)** para obter derivados de 2-hidroxitiazol **(18)**.

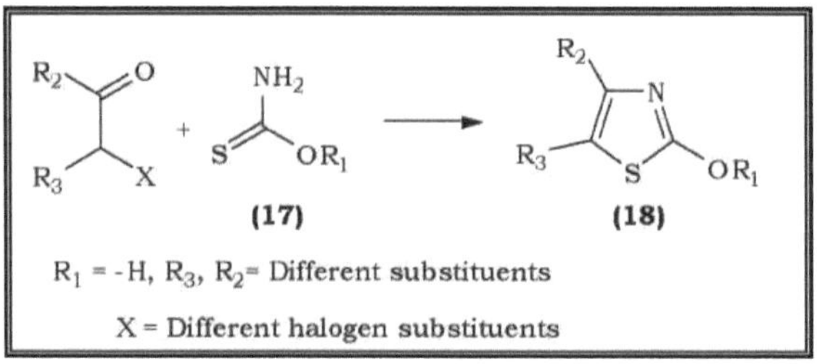

(II) Tiazóis de rearranjo das α-tiocianatoacetonas (Tipo Ib)

1. *Hidrólise ácida ou alcalina*

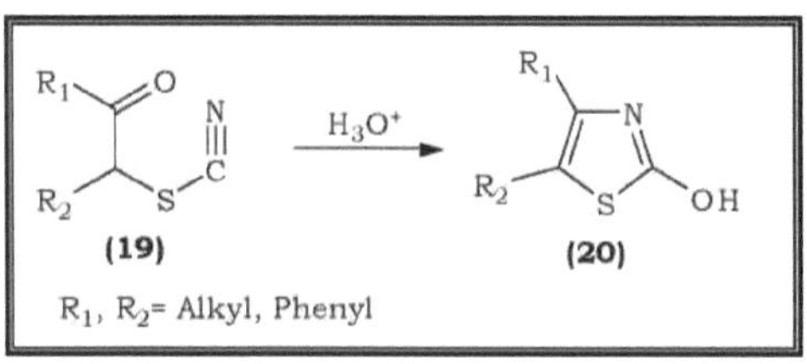

A ciclização de α-tiocianato-cetonas **(19)** em ácido aquoso, ácido sulfúrico concentrado em ácido acético e água ou solução alcalina conduz à formação de 2-hidroxitiazóis **(20)** após diluição em água. Estas reacções podem ser efectuadas durante várias horas à temperatura ambiente ou por aquecimento durante 1 ou 2 horas num banho de vapor.[48-52]

2. *Ação do enxofre lábil*

Os tioácidos **(22)** reagem com a α-tiocianatoacetofenona **(21)** para produzir 2-mercapto-4-feniltiazol **(23)**.

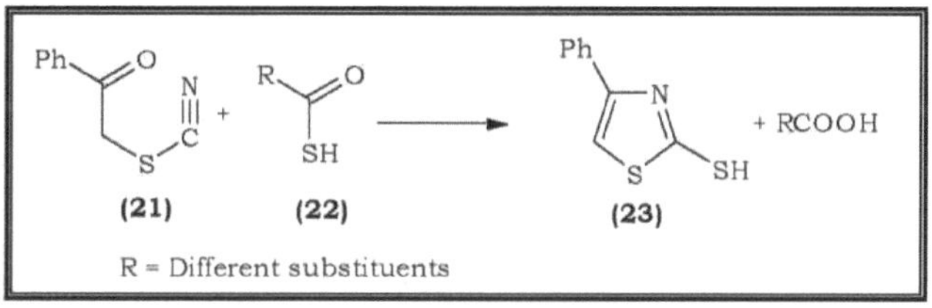

3. ***Ação, do azoto lábil***

As α-tiocianatoacetonas **(24)** reagem também com cloreto de amónio ou alquilamina para dar 2-aminotiazóis ou os seus derivados *N-substituídos* **(25)**.[53]

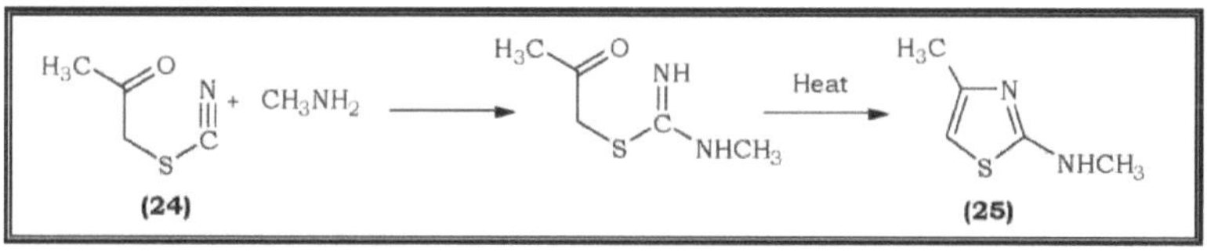

(III) Tiazóis de α-aminonitrilos (síntese de Cook-Heilbron) (Tipo II) Este

O tipo de síntese investigado por Cook, Heilbron[54] e Takahashi ,[55][56] permite obter 5-aminotiazóis com diferentes substituições na posição 2 por reação de um aminonitrilo com sais e ésteres de ditioácidos, dissulfureto de carbono, oxissulfureto de carbono e isotiocianatos em condições excecionalmente suaves.

1. ***Dissulfureto de carbono: derivados do 2-mercapto-5-aminotiazolo***

O dissulfureto de carbono reage facilmente com α-aminonitrilos **(26)** dando 2-mercapto-5-amino tiazóis ,[57][58] **(27)**, que podem ser convertidos em 5-amino tiazóis não substituídos na posição 2-.

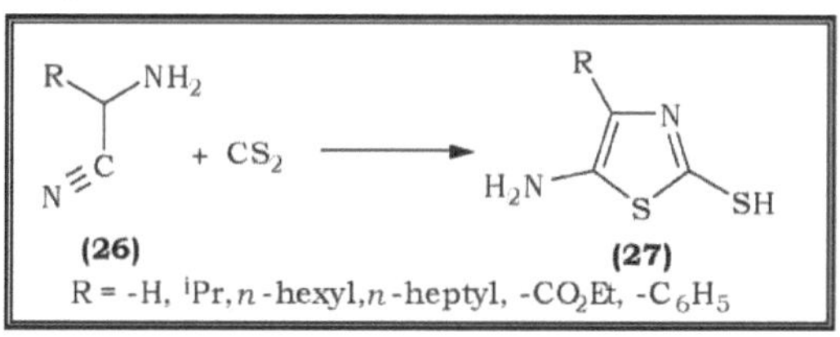

2. ***Sais e ésteres de ditioácidos: derivados de 5-aminotiazóis e condensações relacionadas***

Por condensação dos sais ou dos ésteres dos ácidos ditiofórmico **(29)** ou ditiofenacético com α-aminonitrilos **(28)**, obtiveram-se 5-aminotiazóis **(30)** com rendimentos bastante bons.[59] Estas reacções foram efectuadas em solução aquosa etérea à temperatura ambiente.

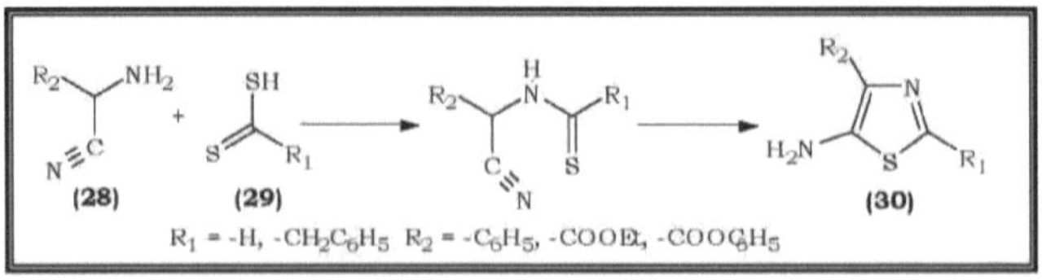

(IV) Tiazóis a partir de compostos de acilaminocarbonilo e pentassulfureto de fósforo e condensações afins (síntese de Gabriel) (Tipo III)

Esta reação foi descrita pela primeira vez por Gabriel[60] em 1910, quando reagiu uma acilaminocetona **(31)** com uma quantidade equimolecular de pentassulfureto de fósforo para produzir 2-fenil-5-alquil-tiazol **(32)**. A reação é semelhante à preparação de outros anéis de cinco membros contendo oxigénio e enxofre a partir de compostos de 1,4-dicarbonilo.

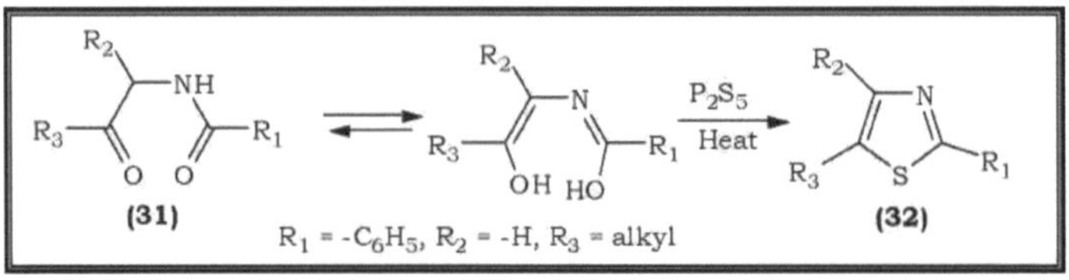

(V) Tiazóis a partir de nitrilos e a-mercaptocetonas: derivados 2,4-dissubstituídos e 2,4,5-trissubstituídos

Para além dos compostos a-halocarbonílicos, também se utilizam a-mercaptocetonas e ácidos para a preparação de tiazóis a partir de nitrilos e oximas de aldeídos.

1. *2,4,5-Trisubstituídos tiazóis a partir de a-mercaptocetonas e nitrilos*
Miyatake e Yashikawa prepararam vários tiazóis 2,4,5-trisubstituídos **(35)** com um rendimento bastante baixo (16 a 40%) por ação de a-mercaptocetonas **(33)** sobre nitrilos **(34)**. Asinger e Thiel[61] utilizaram um aldeído e amoníaco em vez de nitrilo.

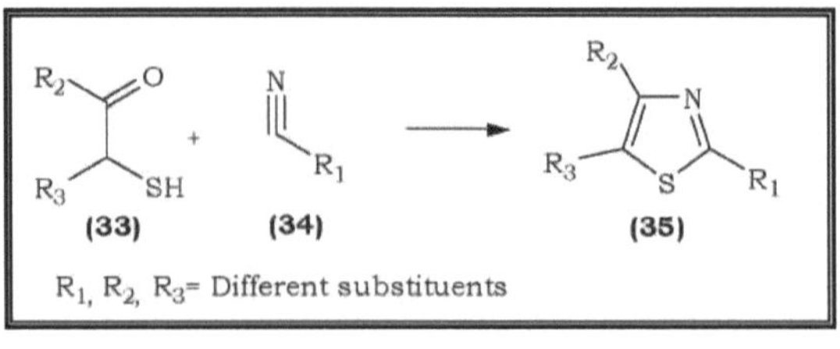

2. *Derivações do 2,4-Diaminotiazol a partir de a-halonitrilos e tioureia.*

O a-halonitrilo **(36)** pode substituir os compostos a-halogenocarbonilo na síntese de Hantzsch. '6264 Assim, a reação da tioureia com um a-halonitrilo em álcool a ferver dá 2,4-diaminotiazol **(37)**.

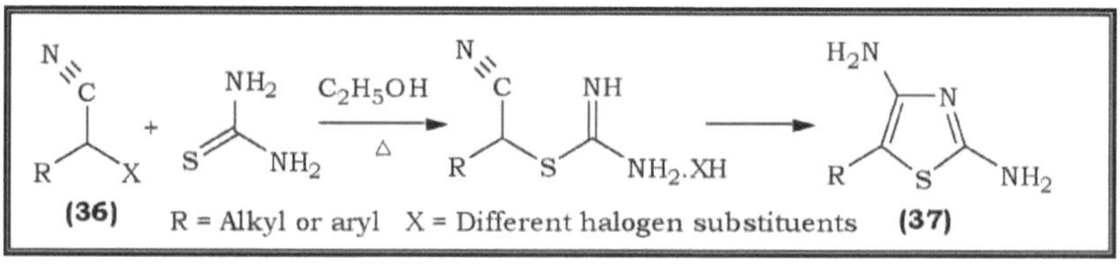

(VI) Tiazóis a partir de brometo de vinilo

Os tiazóis com uma variedade de substituintes, tais como grupos alifáticos, aromáticos, heterocíclicos ou alquenilo, podem ser preparados por reação de substituição nucleofílica intramolecular de tioamidas *N*-(2-bromoprop-2-enil)- **(38)**.[65] Este método de substituição vinílica proporcionaria uma via de síntese única para uma variedade de heterociclos.

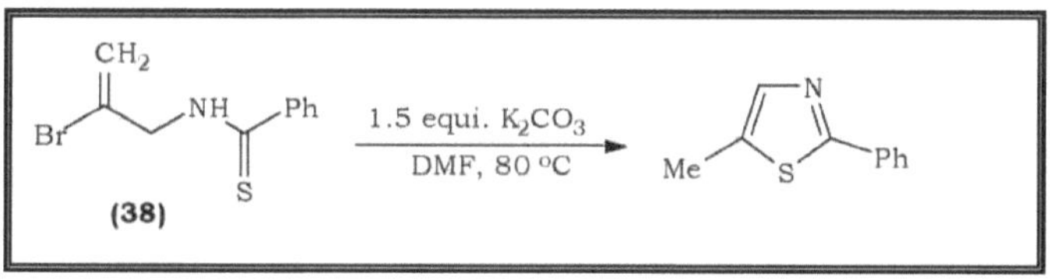

(VII) Síntese de 5-acetoxitiazóis 2,4-dissubstituídos

A partir dos derivados de benzoato de metilo disponíveis no mercado **(39)** e com fenilglicina racémica **(40)**, foi preparada uma variedade de 2,4-dissubstituídos-5-acetoxitiazóis **(41)** com rendimentos bons a moderados, utilizando o seguinte protocolo.[66] Devido à elevada estabilidade térmica do núcleo de tiazol, foram também sintetizados os polímeros que incorporam o sistema de anéis de tiazol.

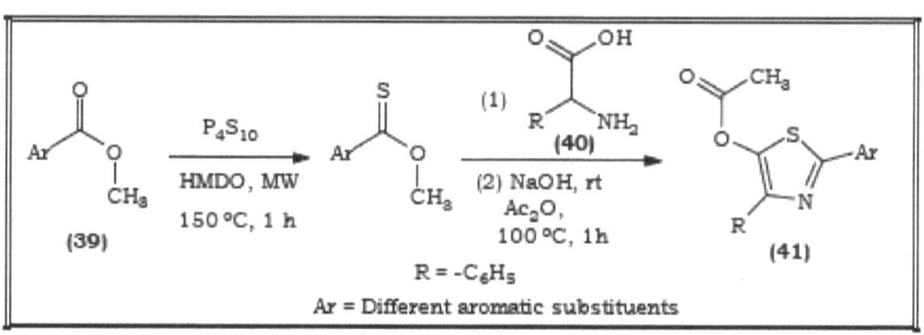

Importância biológica dos tiazóis

Os derivados do tiazol têm sido associados a uma grande variedade de aplicações que vão desde bacteriostáticos, antibióticos, reguladores do SNC a diuréticos de elevada eficácia.[67-71] O sistema tiazólico tem tido ampla aplicação no desenvolvimento de medicamentos para o tratamento da inflamação,[72] hipertensão[73] e infecções por VIH.[74] Os aminotiazóis são conhecidos por serem ligantes dos receptores de estrogénio[75] , bem como uma nova classe de antagonistas dos receptores de adenosina.[76] Outros análogos são utilizados como fungicidas, inibindo o crescimento *in vivo* de Xanthomonas, como ingrediente de herbicidas e anti-helmínticos.[77]

Zablotskaya A et al[78] sintetizaram éteres trimetilsililicos de vários derivados de tiazóis contendo hidroxilo. Todos os compostos investigados possuem propriedades anti-hipóxicas e prolongam a vida dos ratos em condições de hipoxia em 20-78%. Os compostos sililados e não sililados apresentam, na maioria dos casos, uma atividade anti-hipóxica da mesma ordem. Os agentes anti-hipóxicos mais activos foram os tiazóis contendo piperidina *N*-(4-fenil-5-tetradecil-2-tiazolil)-2-(4-hidroxipiperidino)-acetamida **(42)** e *N*-(5-tetradecil-4-fenil-2-tiazolil)-2-(4-trimetilsililoxi piperidino)acetamida **(43)**, prolongando a vida dos ratos em 78% e 70%, respetivamente. A ação anticonvulsiva mais forte foi igualmente exercida pelo tiazol contendo piperidina **(42)** e pelo seu éter trimetilsililico **(43)**.

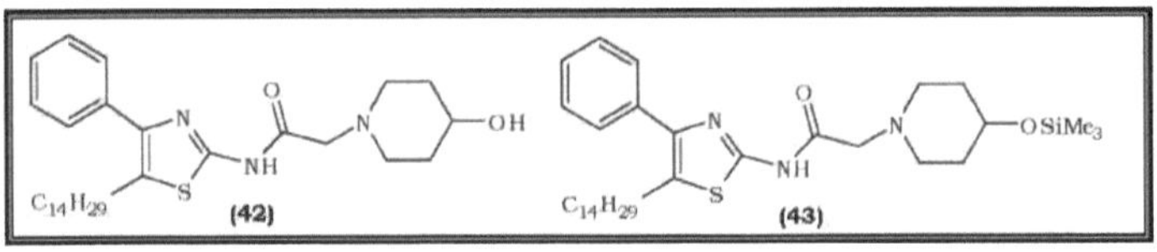

(42) **(43)**

Sherif A F R et al[79] sintetizaram séries de tiazolilantipirina e tiadiazolilantipirina, das quais os compostos pertencentes à série da tiazolilantipirina apresentaram melhores potências antibacterianas do que os membros da série da tiadiazolilantipirina. Entre estes, os compostos **(44)**, **(45a)** e **(45b)** são considerados os membros antimicrobianos mais activos identificados neste estudo, com um amplo espetro de atividade antibacteriana contra bactérias Gram-positivas e Gram-negativas. Finalmente, o composto **(45a)** pode ser identificado como o membro biologicamente mais ativo neste estudo, com um interessante perfil anti-inflamatório, analgésico e antibacteriano duplo.

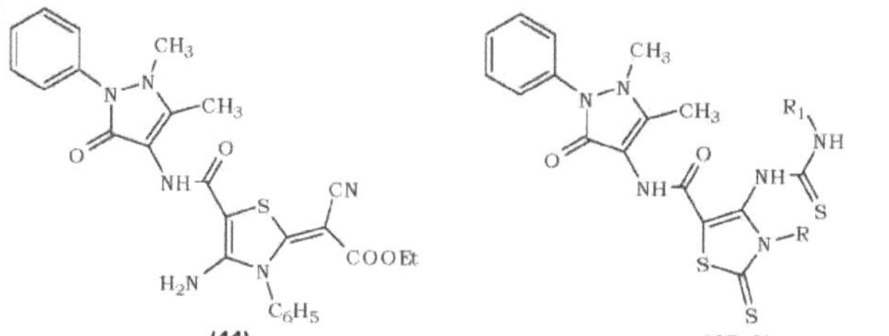

(44) **(45a,b)**

(45a); R = R_1 = $-C_6H_5$

(45b); R = $-C_6H_5$, R_1 = 4-Cl-C_6H_4

Dae-Kee K et al[80] sintetizou uma série de 5- (piridin-2-il) tiazóis contendo uma *meta* - ou *para-carbonitrila* ou carboxamida substituída por uma porção fenilmetilamino na posição 2- do anel tiazol e foi avaliada quanto à atividade inibidora da quinase 5 semelhante ao recetor da activina (ALK5) em ensaios de repórteres de luciferase baseados em células. As relações estrutura-atividade nesta série de compostos foram estabelecidas e discutidas. O composto mais potente desta série, 3-((5-(6-metilpiridina-2-il)-4-(quinoxalina-6-il)tiazol-2-ilamino)metil)benzamida **(46)**, inibiu a atividade da ALK5 induzida pelo fator de crescimento transformador-β (TGF-β), 96% e 78% a 0.1 µM em ensaios de repórter de luciferase utilizando células HaCaT transientemente transfectadas com a construção de repórter p3TP-luc, a construção de repórter de luciferase ARE- e a construção de repórter de luciferase SBE, respetivamente. Rajan S G et al[81] sintetizaram e conceberam uma série de derivados de 2-(2,4-disubstituído-tiazol-5-il)-*3-aril-3H-quinazolina-4-onas.* As moléculas sintetizadas foram avaliadas quanto à sua atividade inibitória em relação aos factores de transcrição, ao fator nuclear-kB (NF-kB) e à ativação transcricional mediada pelo fator de ativação (AP-1) num ensaio *in vitro* baseado numa linha celular, bem como quanto à sua atividade anti-inflamatória *num* modelo *in vivo* de inflamação aguda. Dois dos compostos **(47c)** e **(47e)** revelaram-se os inibidores duplos mais promissores da ativação transcricional mediada por NF-kB e AP-1 com um IC50 de 3,3 µM para ambos. Os compostos **(47d)** (IC50¼ 5,5 µM) e **(47f)** (IC50¼ 5,5 µM) surgiram como inibidores selectivos da ativação transcricional mediada por NF-kB e **(47a)** (IC50¼ 5,5 µM) e **(47b)** (IC50¼ 5,5 µM) revelaram-se inibidores mais selectivos da atividade transcricional mediada por AP-1.

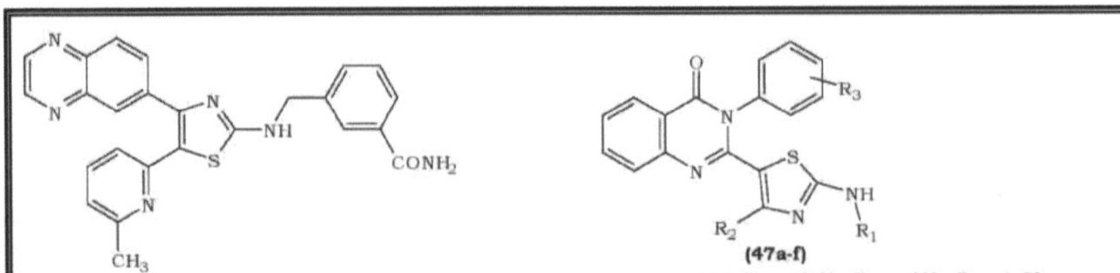

(46) (47a-f)

$47a$; $R_1 = R_2 = -CH_3$, $R_3 = 2\text{-}CH_3$
$47b$; $R_1 = -C_6H_5$, $R_2 = -CH_3$, $R_3 = 2\text{-}CH_3$
$47c$; $R_1 = R_2 = -CH_3$, $R_3 = 4\text{-}Cl$
$47d$; $R_1 = -C_6H_5$, $R_2 = -CH_3$, $R_3 = 4\text{-}Cl$
$47e$; $R_1 = 4\text{-}Cl\ Ph$, $R_2 = -CH_3$, $R_3 = 4\text{-}Cl$
$47f$; $R_1 = R_2 = -CH_3$, $R_3 = 4\text{-}COCH_3$

1.3 Caraterísticas introdutórias das tiazolidinonas: As 4-oxo-tiazolidinas ou tiazolidinonas têm sido consideradas importantes tanto do ponto de vista estrutural como farmacológico. Para explorar as propriedades do sistema, foram preparadas várias 4-oxo-tiazolidinas em que a presença de uma ligação >N-C-S confere atividade à estrutura. A maioria das tiazolidinas foi preparada pela condensação dos aldeídos necessários com hidrazidas e ácido 2-sulfanilacético. As 4-tiazolidinas óxidas são os derivados das tiazolidinas que pertencem a um grupo importante de compostos heterocíclicos.

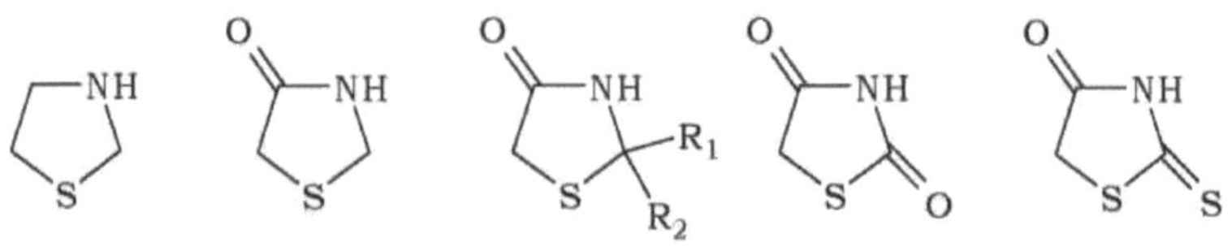

(48) **(49)** **(50)** **(51)** **(52)**

R_1, R_2 = Different substituents

A tiazolidina **(48)** com um grupo carbonilo na posição 4 é conhecida como 4-tiazolidinona **(49)** ou 4-oxo-tiazolidinas. Os substituintes nas posições 2, 3 e 5 são conhecidos e esse grupo pode formar alquil, aril ou aril-alquil tiazolidinona **(50)**. O oxigénio ligado a C-2 daria origem à 2,4-tiazolidinona **(51)**. O átomo de enxofre ligado ao C-2 produz rodanina **(52)**. O átomo de carbono metileno na posição 5 da 4-tiazolidinona possui atividade nucleofílica e ataca um centro electrofílico. O produto da reação perde água para formar um derivado 5-insaturado.

O ácido 2-sulfanilacético foi reconhecido como um produto primário da hidrólise do composto 3-fenil-2-fenilimino-4-tiazolidinona. "8284 Devido a um estudo semelhante das 4-tiazolidinonas com um ácido, observou-se que o ácido actiazico **(53)** é um antibiótico isolado de uma espécie de estreptomiceto. Tem uma elevada atividade *in nitro* específica contra *Mycobacterium tuberculosis*, mas é inativo *in vivo*, provavelmente devido à antagonização pela biotina **(54)**, que contém algumas caraterísticas estruturais semelhantes às do ácido actitiazico e inverte a atividade do antibiótico.[85]

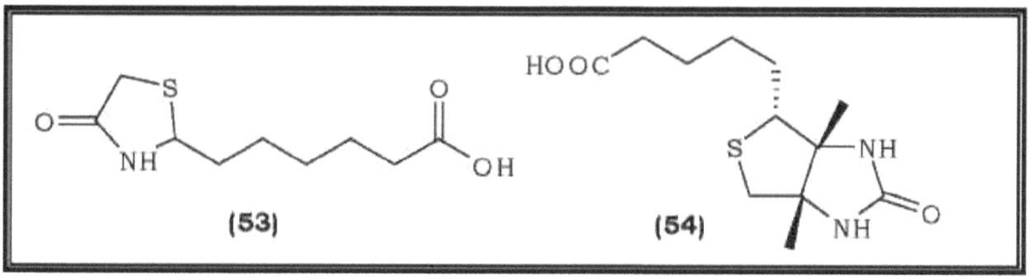

Derivados de hidrazona de 4-tiazolidinonas **(55)** foram obtidos por condensação de tiossemicarbazonas e ácido 2-cloro-acético e foram analisados quanto à atividade antituberculosa.[86] Numerosos relatórios que apareceram na literatura destacaram a sua química e utilizações. Brown F C[87] fez uma revisão exaustiva das 4-tiazolidinonas. Mais tarde, Zolotoreva K A et al[88] prepararam um artigo que trata da utilização de derivados de tiazolidinona como estabilizadores para materiais poliméricos. Depois disso, Danila G[89] publicou uma revisão sobre a preparação de rodaninas (2-tiono-4-tiazolidinonas) e a sua utilização como intermediários em síntese orgânica. Algumas tiazolidinonas são utilizadas na síntese de corantes de merocianina que são usados na indústria de filmes fotográficos.[90]

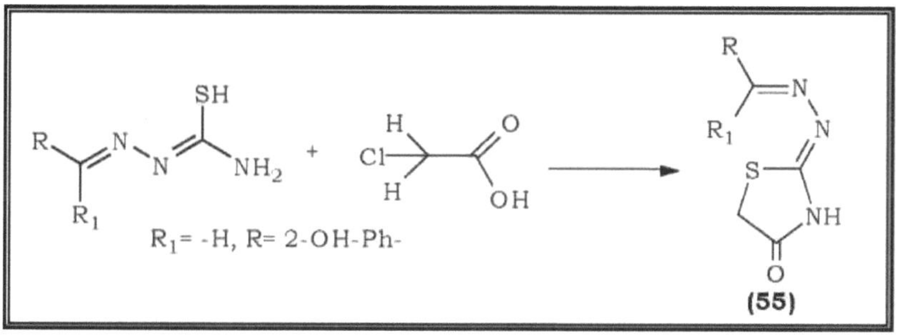

Estudo sintético de tiazolidinonas:

Desai N C et al[91] comunicaram a síntese de 4-tiazolidinonas **(56)**, com bom rendimento, a partir da reação de heterociclização de *N-arilideno-2-*(6-metil-1 *H-benzo*[*d*]imidazol-2-il)anilinas **(57)** com ácido tioglicólico em 1,4-dioxano. Alguns dos novos compostos foram testados contra bactérias Gram-negativas e Gram-positivas e fungos.

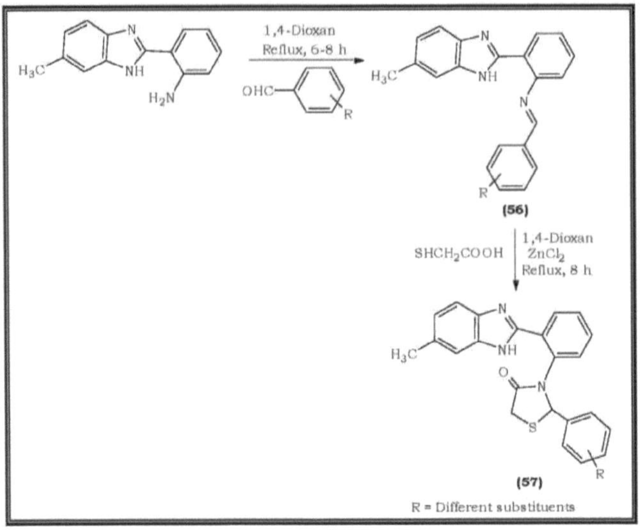

Desai N C et al[92] sintetizaram *N-{5-*[(2-clorofenil)metileno]-2-(4- hidroxifenil]-4-oxo-(1,3-tiazolidin-3-il)}{4-[2-(4-metilfenil)-4-oxo-(3- hidroquina zolin-3-il)]fenil}carboxamidas **(59)** a partir de *N*-[2-(4-hidroxifenil)-4-oxo- (1,3-tiazolidin-3-il)]{4-[2-(4-metilfenil)-4-oxo-(3-hidroquinazolin-3-il)]fenil}carboxamida **(58)** e aldeídos substituídos no 1,4-dioxano. A atividade antimicrobiana dos compostos **(59)** também foi avaliada, tendo alguns compostos mostrado uma atividade significativa contra micróbios testados selecionados em comparação com o controlo.

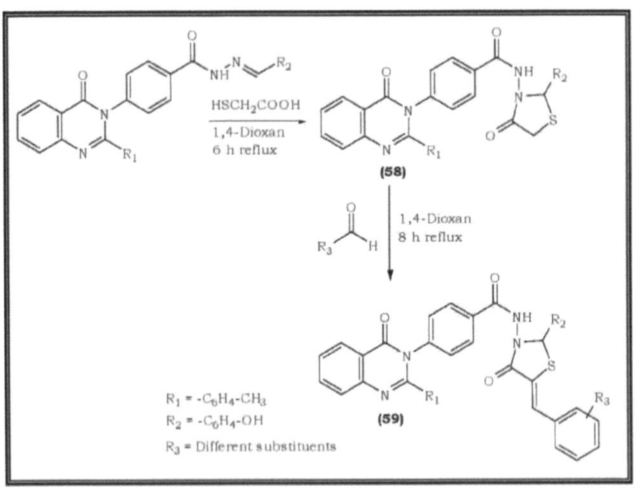

Hermitage S A et al[93] sintetizaram o metil-2-(diclorometil)-4,5-dihidro-l,3-tiazol-4-carboxilato **(61)** a partir do imidato de metilo **(60)** e do cloridrato de éster metílico de cisteína. A preparação do imidato de metilo a partir do dicloroacetonitrilo foi obtida por adição gota a gota de dicloroacetonitrilo a uma solução de metanol contendo metóxido de sódio como catalisador a ~0º C.

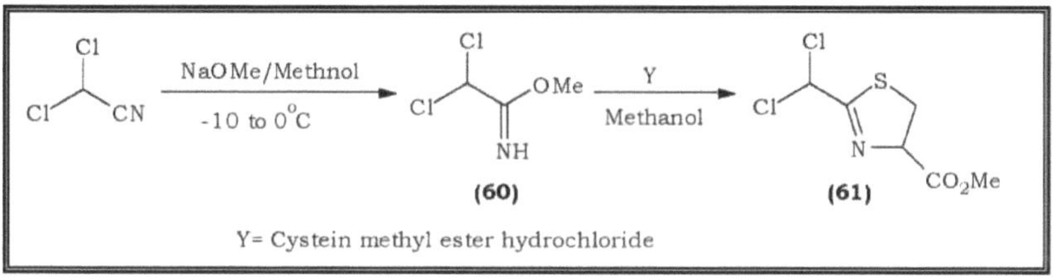

Bozdag O et al[94] sintetizaram 2,4-tiazolidinedionas substituídas com 3-benzilo **(63)** a partir de 2,4-tiazolidinediona **(62)** e halogeneto de benzilo substituído na presença de hidróxido de sódio.

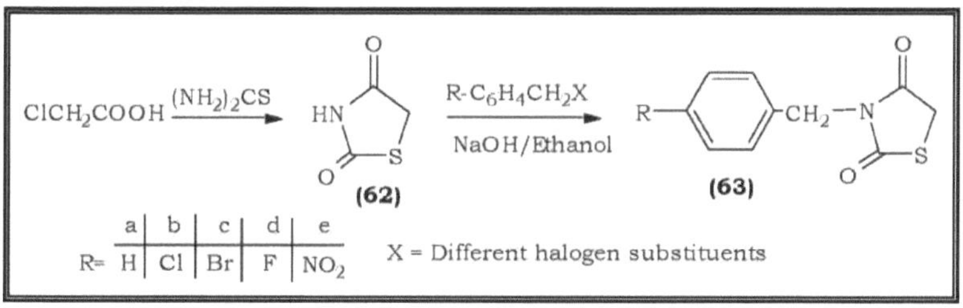

Kasimogullari B O e Cesur Z[95] sintetizaram amidas do ácido 2-metilimidazo[l,*2-a*]piridina-3-carboxílico **(66)** por condensação de hidrazidas do ácido 2-metilimidazo[l,*2-a*] piridina-3-carboxílico **(65)**, cetonas apropriadas e ácido tioglicólico em benzeno seco. Os materiais de base, o etil-2-metilimidazo[l,*2-a*]piridina-3-carboxilato **(64)** e a hidrazida do ácido 2-metilimidazo[l,*2-a*]piridina-3-carboxílico **(65)**, foram obtidos por métodos previamente descritos. ,[77][78]

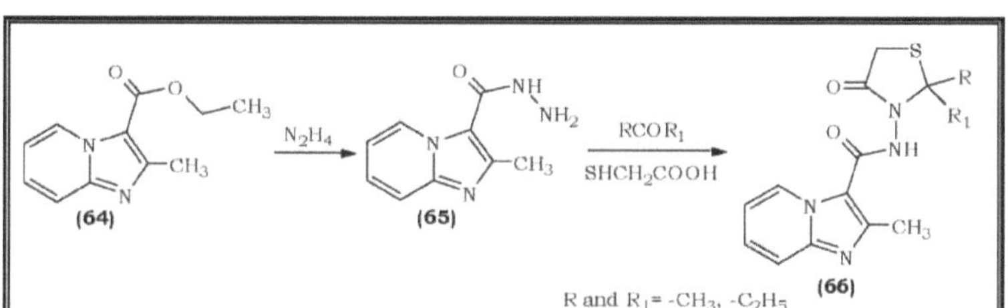

Importância farmacêutica das tiazolidinonas:

As 4-tiazolidinonas são bem conhecidas pelas suas actividades farmacológicas versáteis, tais como anti-inflamatórias,[98] anestésicas,[99] antifúngicas,[100] anticancerígenas,[1 01] e agentes antivirais[102] , bem como atividade anticonvulsiva[103] . A incorporação da porção 4-oxo-tiazolidina numa estrutura de 2-mercaptobenzotiazol aumenta a sua atividade.[104] Soni L K e Kaskhedikar S G[105] relataram a atividade inibidora da aldose redutase de 5-(2-carboximetiloxi-benzilidina)tiazolidinas **(67)** e 5-[(2-ω-carboxialcoxi)naftil-metileno]tiazolidinas **(68)**. De acordo com as suas conclusões, a abordagem Fujita-Ban revelou que o núcleo benzilideno da tiazolidina é mais potente do que os análogos naftil-metileno da tiazolidina. A volumetria do naftil-metileno pode ser curiosa para o recetor. A abordagem de Hansch sugeriu que os grupos retiradores de electrões são conducentes à atividade inibidora da aldose redutase.

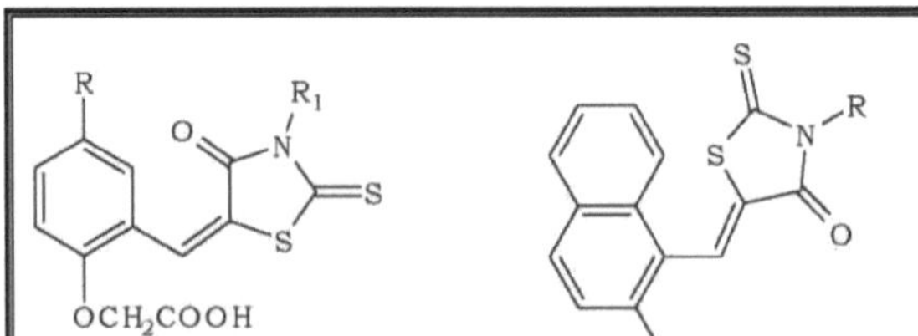

(67) R = -H, -Br, -Cl, -OCH_3
R_1 = -H, -CH_3, -CH_2COOH

(68)

Wiesenberg I et al[106] comunicaram a ativação específica dos receptores nucleares, o recetor-γ ativado por proliferador de peroxissoma (PPARγ) e o recetor-α órfão relacionado (RORA), pela tiazolidinediona antidiabética BRL 49653 e pelo derivado antiartrítico da tiazolidinediona CGP 52608. Os resultados mostraram que a tiazolidinediona BRL 49653 **(70)** e o derivado de tiazolidinediona CGP 52608 **(69)** apoiaram o conceito de que a ativação específica do PPARγ ou do RORA resulta em efeitos farmacológicos distintamente diferentes. Ambos os compostos são protótipos de novos agentes terapêuticos para o tratamento da diabetes mellitus não dependente de insulina (NIDDM) ou da artrite reumatoide e doenças auto-imunes relacionadas. Lecka-Czernik B et al[107] testaram também o BRL 49653 **(70)** quanto ao seu efeito na diferenciação de adipócitos e osteoblastos.

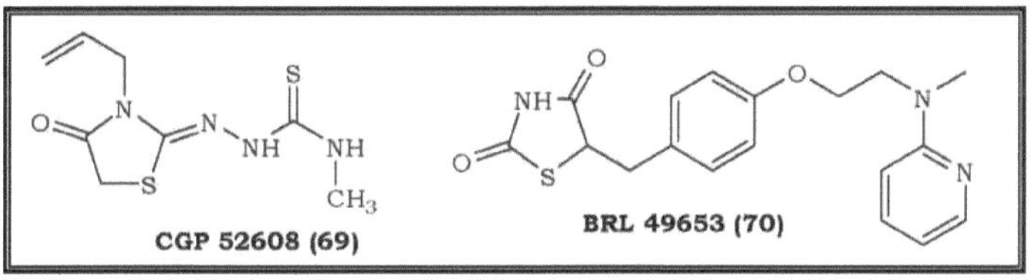

Ip M M et al[108] relataram a eficácia antitumoral em ratos do CGP 19984, um derivado de tiazolidinediona que inibe a secreção da hormona luteinizante.[90] Os resultados aqui relatados sugerem que o derivado de tiazolidinediona CGP 19984 **(71)** tem potencial aplicação clínica no tratamento do cancro da próstata e da mama através da sua capacidade de diminuir as concentrações séricas da hormona luteinizante (LH). Petrikaite V e colaboradores[91] sintetizaram 5-substituídas-2-metil-mercaptotiazolidina-4-onas sujeitas a S-desmetilação para produzir 2-amino-substituídas-tiazolidinonas (**72a-e**).

A atividade antimicrobiana dos novos compostos foi analisada *em nitro* e os resultados mostraram que, estatisticamente, os novos compostos são significativamente mais eficazes como agentes antimicrobianos do que as preparações iniciais. Desai N C et al[109-111] sintetizaram várias 2-(4-clorofenil)-*N*-(4-oxo-2-ariltiazolidin-3-il)acetamidas **(73)** e comunicaram a sua atividade antibacteriana, bem como estudos QSAR. Os compostos foram testados contra bactérias gram-positivas e gram-negativas, ou seja, *S. aureus* e *E. coli*, pelo método de placa em taça. Em comparação com o medicamento padrão ciprofloxacina, estes compostos apresentaram uma atividade antibacteriana moderada a boa.

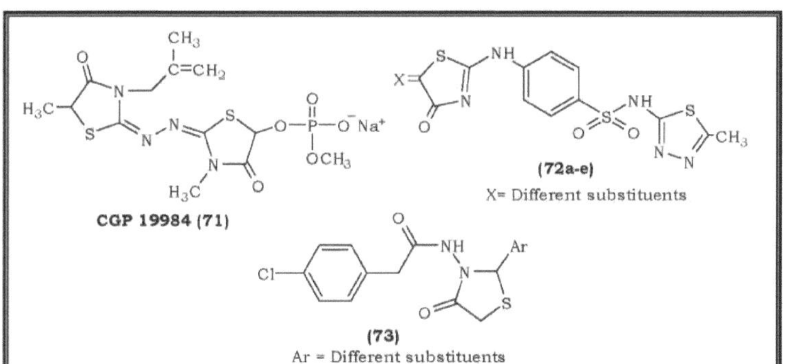

1.4 Lacuna na investigação

O desenvolvimento da pesquisa bibliográfica foi efectuado através da consulta de volumes da biblioteca e da utilização da Internet através do Google e de outros motores de busca. Após o levantamento exaustivo da literatura, o tema da investigação foi profundamente estudado. A síntese dos compostos foi efectuada com o apoio de vários livros de química orgânica e medicinal. A análise dos dados foi efectuada utilizando as técnicas disponíveis e a interpretação dos dados foi feita consultando vários livros e artigos de investigação publicados.

Devido ao trabalho publicado sobre estes tópicos e ao interesse de longa data do nosso laboratório no estudo de outros compostos heterocíclicos, foi empreendido. Tendo em conta todos os factos acima referidos, os nossos estudos têm-se centrado na síntese e bioavaliação de núcleos de tiazóis e 4-oxo-tiazolidinonas por abordagem híbrida como possíveis moléculas bioactivas.

1.5 Objectivos

Os objectivos do trabalho são os seguintes:

- Para sintetizar *as* *N-{5*-[*N*-(aza{5-[(aril)metileno]-4-oxo-3-fenil(1,3-tiazolidin-2-ilideno)}metil)carbamoil]-4-metil(1,3-thaizol-2-il)}benzamidas e *N-{5*-[*N*-[*N*-[aza{5-[(aril)metileno]-4-oxo-3-fenil(1,3-tiazolidin-2-ilideno)}metil)carbamoil]-4-metil(1,3-thaizol-2-il)}(4- metoxifenil)carboxamidas.
- Caracterização por técnicas espectroscópicas e espectrométricas (IR,^{1} H NMR,^{13} C NMR e espetrometria de massa)
- O rastreio antimicrobiano dos compostos recentemente sintetizados foi efectuado contra bactérias Gram-positivas (*Staphylococcus aureus, Streptococcus pyogenes*), bactérias Gramnegativas (*Escherichia coli, Pseudomonas aeruginosa*) e fungos (*Candida albicans, Aspergillus niger, Aspergillus clavatus*) utilizando o método de diluição em caldo em série.

A prevalência de núcleos de tiazóis e 4-oxo-tiazolidinonas em moléculas biologicamente activas estimulou a necessidade de encontrar formas elegantes e eficientes de produzir estes heterociclos. Para dar continuidade a este objetivo, sintetizámos os seguintes compostos. Esta parte está dividida em duas secções.

Secção-1: *N-{5*-[*N*-(aza{5-[(aril)metileno]-4-oxo-3-fenil(1,3-tiazolidin-2-ilideno)}metil) carbamoil]-4-metil(1,3-tiazol-2-il)}benzamidas.

Secção-2: *N-{5*-[*N*-(aza{5-[(aril)metileno]-4-oxo-3-fenil(1,3-tiazolidin-2-

ilideno)}metil) carbamoil]-4-metil(l,3-tiazol-2-il)}(4-metoxifenil)carboxamidas.

1.6 Referências:

1. Stokes D E; *Pasteur's Quadrant. Basic Science and Technological Innovation*, Brookings Press, Washington, DC, **1997**.
2. Cotton F A; *Chem Eng News*, 4 *e* 5 de dezembro **de 2000**.
3. HylandsP J, Nisbet L J; *AnnRepMed Chem*,26,259, **1991**.
4. Dower W J, Fodor S P; *Ann Rep Med Chem*, 26, 271, **1991**.
5. Moos W H, Green G D, Pavia M R; *Ann Rep Med Chem*, 28, 315, **1993**.
6. Gallop M A, Barrett R W, Dower W J, Fodor S, Gordon E M; *J Med Chem*, 37, 1234, **1994**.
7. Gordon E M, Barrett R W, Dower W J, Fodor S, Gallop M A; *J Med Chem*, 37, 1385, **1994**.
8. Terrett N K; *Combinatorial Chemistry*, American Chemical Society, Oxford Univ. Press, NewYork, **1998**.
9. Trainor G L; *Ann Rep Med Chem*, 34, 267, **1999**.
10. Kyranos J N, Hogan J C; *Modern Drug Discov, julho/agosto*, 73, **1999**.
11. Brown R K; *Modern Drug Discov, julho/agosto*, 63, **1999**.
12. Borman S; *Chem. Eng. News*, 15 de maio, 53, **2000**.
13. LeProust E, Pellois J P, Zhang H, Gao X; *JComb Chem*, 2, 349, **2000**.
14. Scharn D, Wenschuh H, Reineke U, Schneider-Mergener J et al.; *J. Comb Chem*, 2,361, **2000**.
15. Dolle R E; *Mod Drug Discov*, Fev., 43, **2001**.
16. Boguslavsky J; *Drug DiscovDevelop*, Set., 71, **1999**.
17. Karet G; *Drug Discov Develop*, março, 28, **2000**.
18. U'Prichard D C; *Drug Discov, World* Fall, 12, **2000**.
19. Ratti E, Trist D; "Continuing evolution of the drug discovery process in the pharmaceutical industry", *PureandApplied Chemistry*, 73 (1), 67, **2001**.
20. Hantzsch AR, Weber HJ; *Berichte*, 20, 3118, **1887**; 21, 938, **1888**; *Ann Chem*, 249, 1, 27, **1888**.
21. Breslow R; *JAm Chem Soc*, 80, 3719, **1958**.
22. (a) Fosbinder W; *JAm Chem Soc*, 61, 2032, **1939**; *Science*, 102, 627, **1945**;

(b)

Clark et al; " *The Chemistry of Penicillins*", Princeton University Press, **1949**.

23. (a) Alamino RJ; *U. S. Patent*, 4012409, **1977**; (b) Maulard T, Lagorce JF, Thomos JC, Raby C; *J Pharm Pharmacol*, 45, 731, **1993**; (d) Tsuruoka A, Kaku Y Y, Kakinumato H, Tsukada I, Yanagishawa M, Naito T; *J Chem Pharm Bull*, 45, 1169, **1997**.
24. Sperry JB, Wright DL; *Curr Opin Drug Discovery Dev*, 8, 723, **2005**.
25. (a) Zhao H; *Drug Discovery Today*, 12, 149, **2007**; (b) Schneider G, Schneider P,

Renner S; *QSAR Comb. Sci.*, 25, 1162, **2006**; (c) Bohm HJ, Flohr A, Stahl M; *Drug Discovery Today Technol*; 1, 217, **2004**; (d) Wermuth CG; "*In The Practice of Medicinal Chemistry*", 2nd edition, Academic Press: Londres, pp 193-196, **2003**.

26. (a) Biron E, Chatterjee J, Kessler H; *Org Lett*, 8, 2417, **2006**; (b) Deng S, Taunton J; *OrgLett*, 7, 299, **2005**.
27. Dolle RE, Le Bourdonnec B, Morales GA, Moriarty KJ, Salvino JM; *J Comb Chem*, 8, 597, **2006**.
28. PotewarTM, Ingale SA, KumarVS; *Tetrahedron*, 63, 11066, **2007**.
29. Das B, Reddy SV, Ramu R; *JMol Catal A Chem*, 252, 235, **2006**.
30. Narender M, Reddy SM, Sridhar R, Nageswar YVD, Rao RK; *Tetrahedron Lett*, 46, 5953, **2005**.
31. (a) Siddiqui HL, Iqbal A, Ahmed S, Weaver G; *Molecules*, 11, 206, **2006**; (b) Karade H, Sathe M, Kaushik MP; *Catal. Commun*, 8, 741, **2007**.
32. Garcia-Egido E, Wong SYF, Warrington BH; *Lab Chip*, 2, 31, **2002**.
33. George WK, Arjun RM; *Tetrahedron Lett*, 47, 5171, **2006**.
34. (a) Metzger JV, "*Thiazole and its derivatives (Part IJ*", An Interscience Publication, 7, **1979**. (b) Metzger JV, "*Thiazole and its derivatives (Part IJ*", An Interscience Publication, 165, **1979**.
35. Willstatter R, Wirth T; *Berichte*, 42, 1908, **1909**.
36. U. Patente dos EUA n.º 2 160 867; *Chem Abstr*, 33, 7320, **1939**.
37. Clarke HT, Gurin S; *J Am Chem Soc*, 57, 1876, **1935**.
38. Todd AR, Bergel F; *Berichte*, 69B, 217, **1936**; *Chem. Abstr*, 30, 3431, **1936**.
39. Karimullah; *JChem Soc*, 961, **1937**; *Chem Abstr*, 31, 6231, **1937**.
40. Kiprianov AI, Asnina FI, Shako IK; *J Gen Chem; U.S.S.R.*, 18, 165, **1948**;

Chem Abstr, 42, 7293, **1948**.
41. Sych ED, Mikitenko EK; *Khim Geterotsikl Soedinenii*; 7, 857, **1971**; *Chem. Abstr.*, 76, 25154k, **1972**.
42. Sarkis GY, Al-Azawe S; *JChem Eng Data*, 18, 99, **1973**; *Chem Abstr*, 78, 84310, **1973**.
43. Bonzom A, Metzger J; *Bull Soc Chim France*, 11, 2582, **1963**; *Chem Abstr*, 60, 5474, **1964**.
44. Young TE, Amstutz ED; *J Am Chem Soc*, 73, 4773, **1951**.
45. Patente dos EUA n.º 2 547 677, **1951**; *Chem Abstr*, 45, 6351, **1951**.
46. Marchesini G; *Gazz Chim Ital*, 23, 437, **1893**.
47. Marchesini G; *Gazz Chim Itai*, 24, 65, **1894**.
48. Tcherniac J; *Berichte*, 25, 2067, **1892**.
49. Erlenmeyer H, Meyenburg H; *Helu Chim Ata*, 20, 514, **1937**; *Chem Abstr*, 31, 6230, **1937**.
50. U. Patente dos EUA n.º 2 139 570; *Chem Abstr*, 33, 7819, **1939**.
51. Ganapathi K, Venkatraman A; *Proc Ind Acad Sci*, 22A, 343, **1945**; *Chem Abstr*, 40, 4056, **1946**.
52. Gibbs EM, Robinson FA; *JChem Soc*, 925, **1945**; *Chem Abstr*, 40, 1830, **1946**.
53. Watt GW; *JOrg Chem*, 4, 436, **1939**.
54. Heilbron I; *JChem Soc*, 2099, **1949**.
55. Takahashi T; Nishigaki S; *J Pharma Soc Japan*, 1071, **1953**; *Chem Abstr*, 48, 12081, **1954**.
56. Takahashi T, Nishigaki S, Sakamoto S; *J Pharma Soc Japan*, 73, 1076, **1953**; *Chem Abstr*, 48, 12082, **1954**.
57. Cook AH, Heilbron IM, Levy AL; *J Chem Soc*, 1598, **1947**.
58. Cook AH, Heilbron IM, Stern E; *JChem Soc*, 2031, **1948**; *Chem Abstr*, 43, 3409, **1949**.
59. Hoggarth E; *J Chem Soc*, 431, **1947**; *Chem Abstr*, 41, 3458, **1947**.
60. (a) Gabriel S; *Berichte*, 43, 1283, **1910**; (b) Gabriel S; *Berichte*, 43, 134, **1910**.
61. Asinger F, Thiel M, Pallas E; *Annalen*, 602, 37, **1957**; *Chem Abstr*, 51,

12074,

1957.

62. Davies W, MacLaren J, Wilkinson L; *J Chem Soc,* 3491, **1950**; *Chem Abstr,* 45, 7110, **1951**.
63. Chase B, WalkerJ; *J Chem Soc,* 4443, **1955**; *Chem Abstr,* 50, 10712, **1956**.
64. RavizzaSA; NetherlandsAppl. No. 6 508 138; *Chem Abstr,* 64, 17611A, **1966**.
65. Koichi N, Shen SS, Mao-Yi L; *Tetrahedron Lett,* 50, 3161, **2009.**
66. Dominique R, Qiao Q, Goodnow R Jr; *Tetrahedron Lett,* 49, 3682, **2008**.
67. Jaen, JC, Wise LD, Caprathe BW, Tecle H, Bergmeier S, Humblet CC, Heffner TG, Meltzner LT, Pugsley TA; *JMed Chem,* 33,311, **1990**.
68. Holla BS, Malini KV, Rao BS, Sarojini BK, Kumari NS; *Euro J Med Chem,* 38, 313, **2003**.
69. Mahajan MP, Sodnhi SM, Ralhan NK; *Bull Chem Soc Jpn,* 49, 2651, **1976**.
70. Metzer V; *Chem Het Compd.* 34, 1, **1976**.
71. Beyer H, Lassing W, Ruhlig G; *ChemBer,* 86, 764, **1953**.
72. Haviv F, Ratajczyk JD, DeNet RW, Kerdesky FA, Walters RL, Schmidt SP, Holms JH, Young PR, Carter GW; *JMed Chem,* 31, 1719, **1988**.
73. Patt WC, Hamilton HW, Taylor MD, Ryan MJ, Taylor DG, Connolly CJC; *J Med Chem,* 35, 2562, **1992**.
74. Bell FW, Cantrell AS, Hoegberg M, Jaskunas SR, Johansson NG, Jordon CL, Kinnick MD, Lind P, Morin JMJr, Noreen R, Oberg B, Palkowitz JA, Parrish CA; *JMed Chem,* 38, 4929, **1995**.
75. Fink BA, Mortensen DS, Stauffer SR, Aron ZD, KatzenellenbogenJA; *Chem Biol,* 6, 205, **1999**.
76. Van Muijlwijk-Koezen JE, Timmerman H, Vollinga RC, Von Drabbe Kunzel JF, De Groote M, Visser S, Ijzerman AP; *J Med Chem,* 44, 749, **2001**.
77. Metzger JV; "*Comprehensive Heterocyclic Chemistry Part-T*", Pergamon: Nova Iorque, 6, 328, **1984**.
78. Zablotskaya A, Segal I, Germane S, Shestakova I; *Chem Het Comp,* 38, 859-866 **2002**.
79. Sherif AFR, Ibrahim MEl-A, Heba AAEl*;* *Bioorg Med Chem,* 17, 882, **2009**.
80. Dae-Kee K, Joon HC, Young JA; *Bioorg Med Chem Lett,* 18, 2122, **2008**.
81. Rajan S, Hardik G, Thaker M, Tony G, Kamala KV; *EurJ Med Chem,* 44, 2184,

2009.

82. Maly R; *Ann*, 168, 133, **1873**.
83. Andreasch R; *Ber*, 12, 1385, **1879**.
84. Liberman C, Lange A; *Ann*, 207, 121, **1881**.
85. Pittillo RF; *J Bacteriol*, 67, 53, **1954**; *ChemAbstr*, 48, 3459, **1954**.
86. Ghearghia CV; *Rev Chim Ata, Rep Popwarlic Roumane*, 1, 97, **1969**.
87. Brown FC; *Chem Rev*, 61, 463, **1961**.
88. Zolotoreva KA, Maslova IP, Glazunova NA, Burmistrove EF, Pugacheva LA; *Voronezh*, 5, **1964**; *ChemAbstr*, 65, 18767z, **1966**.
89. Danila G; *Rev Chim (Russ) (Bucharest)*, 29, 820, **1978**; *ChemAbstr*, 90, 72086p, **1979**.
90. Ottmann G, Hooks H; *J Angew Chem, Tnt Ed Engl*, 5, 250, **1966**.
91. Desai NC, Dodiya AM, Shihora PN; *Med Chem Res*, Doi: 10.1007/s00044-011-9674-5, **2011**.
92. Desai NC, Dodiya AM, Makwana AH; *Med Chem Res*, Doi: 10.1007/s00044-011-9752-8, **2011**.
93. Hermitage SA, Cardwell KS, Chapman T, Cooke JWB, Newton R; *Org Proc Res & Dev*, 5, 37, **2001**.
94. Bozdag O, Ayhan-Kilcigil G, Ertan R; *Turk J Chem*, 23, 163, **1999**.
95. Kasimogullari BO, Cesur Z; *Molecules*, 9, 894, **2004**.
96. Lombardino JG; *J Org Chem*, 30, 2403, **1965**.
97. Oa H, Obato M, Yamanaka T, Mikashima H; "Oxadiazinyl imidazo, pyridines, pyrimidines and thiazoles," *PCT. Int. Appl.*, WO8607, 059, **1986**; *Chem Abstr*, 106, 176381w, **1987**.
98. Vigorita MG, Monforte OF, Taviano MM; *BioorgMed ChemLett*, 11, 2791, **2001**.
99. Geronikaki AA, Lagunin AA, Saxena AK; *J Med Chem*, 51, 1601, **2008**.
100. Omar K, GeronikakiA, Sokovic M; *Bioorg Med Chem*, 18, 426, **2010**.
101. Havrylyuk D, Mosula L, Gzella A; *Euro J Med Chem*, 45, 5012, **2010**.
102. Balzarini J, Maurin JK, Orzeszko A; *Euro J Med Chem*, 44, 303, **2009**.
103. Kaur H, Kumar S, Saxena KK; *Euro J Med Chem*, 45, 2777, **2010**.
104. Nizamuddin, Singh A; *Indian J Chem*, 43B, 901, **2004**.
105. Soni LK, Kaskhedikar SG; *Chem Pharm Bull*, 55, 72, **2007**.

106. Wiesenberg I, Chiesi M, Missbach M, Spanka C, Pignat W, Carlberg C; *Mol Pharm*, 53, 1131, **1998**.

107. Lecka-Czernik B, Moerman EJ, Grant DF, Lehmann JM, Manolagas SC, Jilka RL; *Endocrinology*, 143, 2376, **2002**.

108. Ip MM, Sylvester PW, Schenkel L; *Caner Research*, 46, 1735, **1986**.

109. Ip MM; *"CGP 19984: effects on hormone-dependent and independent tumours. Potential for treatment of breast and prostate cancer,"* Proceedings of the Thirteenth International Congress of Chemotherapy (Vienna), 16 (pan 284), 192-195, Vienna: EgermannV H, **1983**.

110. Petrikaite V, Tarasevicius E, Pavilonis A; *Biologija*, 53, 45, **2007**.

111. Desai NC, Shah MD, Bhavsar AM; *Indian JChem*, 47B, 1135, **2008**.

Capítulo 2

Síntese e caraterização de derivados de 4-oxo-tiazolidina com clube de tiazóis

Âmbito de aplicação do capítulo

Este capítulo apresenta dados experimentais, caraterização, bio-avaliação antimicrobiana, conclusões e referências

2.1 Experimental

PREPARAÇÃO DE N-[5-(N-AMINOCARBAMOIL)-4-METIL(1, 3-TIAZOL-2-IL)](ARIL)CARBOXAMIDAS

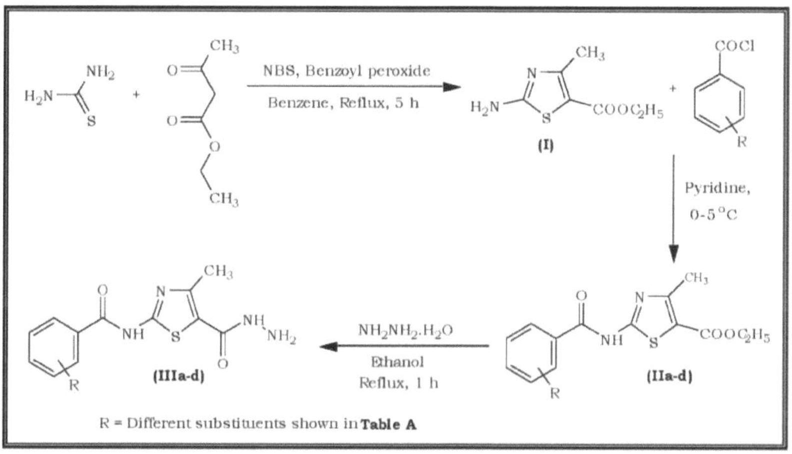

Preparação do 2-amino-4-metil-1,3-tiazole-5-carboxilato de etilo (I)

Uma mistura de tioureia (0,01 mol) e etilacetoacetato (0,01 mol) foi aquecida a 60-70° C durante 10 minutos. Adicionou-se benzeno (30 mL) e uma pitada de benzoilperóxido e tratou-se com *N-bromosuccinamida* (0,01 mol). A mistura foi então refluxada durante 5 h, arrefecida e o benzeno foi decantado. O sólido obtido foi dissolvido em água com pH 4-5 e neutralizado (pH 7) com K2CO3. O sólido obtido foi recolhido e recristalizado a partir de etanol (95%). Rendimento: 78%; p.m.: 178 oC; Anal. calcd. para C7H10N2O2S: C-45.15, H-5.41, N-15.04; Encontrado: C-45.22, H-5.47, N-15.01%.

Preparação de 4-metil-2-(fenilcarbonilamino)-1,3-tiazole-5-carboxilatos de etilo (IIa)

Num balão de fundo redondo, uma mistura de 2-amino-4-metil-1,3-tiazol-5-carboxilato **I** (0,01 mol) em piridina (90 mL) foi tomada e cloreto de benzoílo (0,01 mol) foi adicionado gota a gota a 0-5 oC. A mistura foi agitada a uma temperatura não superior a 5 oC durante 3 h. A solução foi vertida em água gelada. O produto sólido foi filtrado e lavado com uma solução de ácido clorídrico diluído a frio para remover o excesso de 2-amino-4-metil-1,3-tiazole-5-carboxilato. O sólido resultante foi recristalizado a partir de etanol (95%). Rendimento: 75%; p.m.: 128 °C; Anal. calcd. para CHHHW: C-57,92, H-4,86, N- 9,65; Encontrado: C-57.87, H-4.92, N-9.71%.

Preparação da *N*-[5-(*N-aminocarbamoyl*)-4-metil(1,3-tiazol-2-il)]benzamida (IIIa)

O composto **IIa** (0,01 mol) e o hidrato de hidrazina a 99% (0,015 mol) foram colocados num balão de fundo redondo e a mistura foi refluxada durante 10 minutos. Adicionou-se etanol (95%) até ambas as camadas ficarem miscíveis e continuou-se a refluxar durante 1 h. O excesso de etanol (95%) e o hidrato de hidrazina que não reagiu foram destilados e o conteúdo foi vertido em água gelada. O sólido foi recristalizado a partir de etanol (95%). Rendimento: 79%; m.p.: 141 °C; Anal. calcd. para C12H12N4O2S: C-52.16, H-4.38, N-20.28; Encontrado: C-52.10, H-4.32, N-20.23%.

O progresso da reação e a pureza dos compostos foram verificados em placas de TLC [sílica gel 60 F245 (E. Merck)] utilizando *n-hexano*:acetato de etilo (7:3) como irrigador e as placas foram visualizadas com luz ultravioleta (UV) ou vapor de iodo. Todos os compostos foram preparados pelo mesmo método e as suas constantes físicas estão registadas na **TABELA 1**.

QUADRO 1

Sr. No.	-R	Molecular Formula	% Yield	M. P. °C	Elemental Analysis					
					% Carbon		% Hydrogen		% Nitrogen	
					Calcd	Found	Calcd	Found	Calcd	Found
IIIa	-H	$C_{12}H_{12}N_4O_2S$	79	141	52.16	52.10	4.38	4.32	20.28	20.23
IIIb	-4-OCH_3	$C_{13}H_{14}N_4O_3S$	75	168	50.97	50.90	4.61	4.54	18.29	18.35

SECÇÃO 1

PREPARAÇÃO DE *N*-{5-[*N*-(AZA{4-[(ARIL)METILENO]-5-OXO-3-FENIL(1,3-TIAZOLIDIN-2-ILIDENO)}METIL)CARBAMOIL]-4-METIL(1,3-TIAZOL-2-IL)}BENZAMIDAS

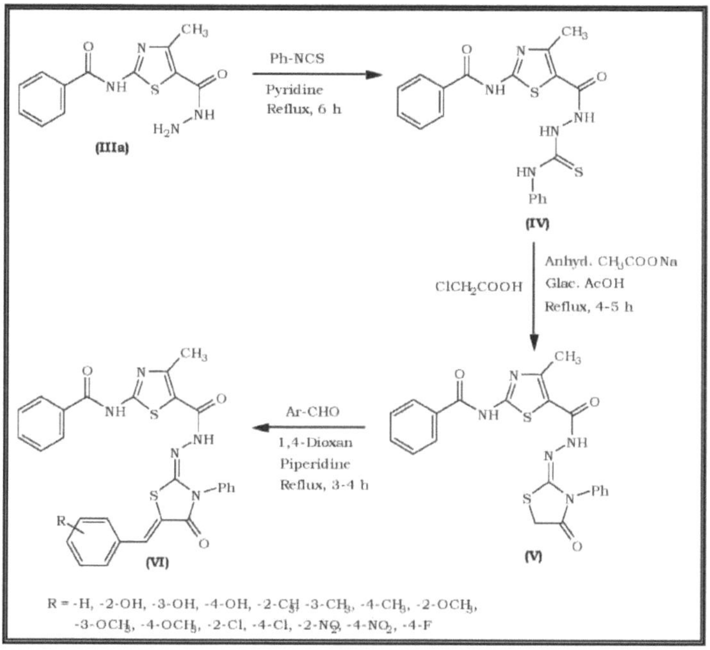

ESQUEMA SINTÉTICO 1

CONSTANTES FÍSICOS DA *N-{5-[N-*(AZA{4-[(ARYL)METHYLENE]-5-OXO-3-PHENYL(1,3-THIAZOLIDIN-2-YLIDENE)}-METIL)CARBAMOYL]-4-METIL(1,3-THIAZOL-2-YL)}BENZAMIDAS

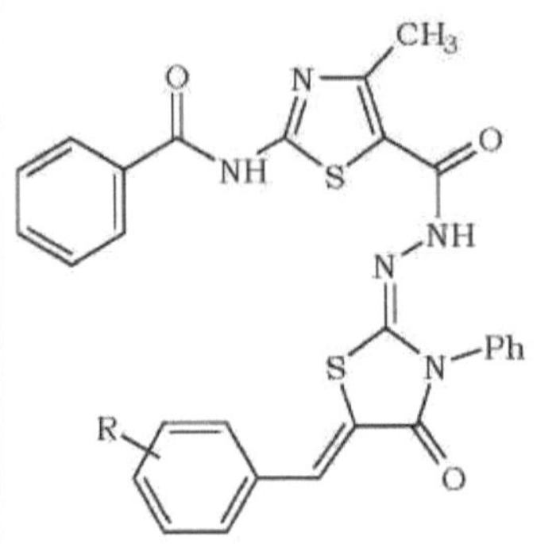

R = Different substituents

QUADRO 2

Sr. No.	-R	Molecular Formula	% Yield	M. P. °C	Elemental Analysis					
					% Carbon		% Hydrogen		% Nitrogen	
					Calcd	Found	Calcd	Found	Calcd	Found
KR_1-1	-H	$C_{28}H_{21}N_5O_3S_2$	52	210	62.32	62.39	3.92	3.84	12.98	13.06
KR_1-2	-2-OH	$C_{28}H_{21}N_5O_4S_2$	50	177	60.53	60.52	3.81	3.88	12.60	12.52
KR_1-3	-3-OH	$C_{28}H_{21}N_5O_4S_2$	55	165	60.53	60.47	3.81	3.74	12.60	12.68
KR_1-4	-4-OH	$C_{28}H_{21}N_5O_4S_2$	50	185	60.53	60.60	3.81	3.72	12.60	12.54
KR_1-5	-2-CH_3	$C_{29}H_{23}N_5O_3S_2$	53	168	62.91	62.84	4.19	4.13	12.65	12.71
KR_1-6	-3-CH_3	$C_{29}H_{23}N_5O_3S_2$	56	194	62.91	62.97	4.19	4.27	12.65	12.59
KR_1-7	-4-CH_3	$C_{29}H_{23}N_5O_3S_2$	49	234	62.91	62.85	4.19	4.24	12.65	12.58
KR_1-8	-2-OCH_3	$C_{29}H_{23}N_5O_4S_2$	55	174	61.14	61.22	4.07	4.14	12.29	12.20
KR_1-9	-3-OCH_3	$C_{29}H_{23}N_5O_4S_2$	57	198	61.14	61.07	4.07	4.02	12.29	12.38
KR_1-10	-4-OCH_3	$C_{29}H_{23}N_5O_4S_2$	54	179	61.14	61.29	4.07	4.12	12.29	12.35
KR_1-11	-2-Cl	$C_{28}H_{20}ClN_5O_3S_2$	59	164	58.58	58.65	3.51	3.58	12.20	12.27
KR_1-12	-4-Cl	$C_{28}H_{20}ClN_5O_3S_2$	59	164	58.58	58.65	3.51	3.58	12.20	12.27
KR_1-13	-2-NO_2	$C_{28}H_{20}N_6O_5S_2$	55	217	57.52	57.45	3.45	3.53	14.38	14.46
KR_1-14	-4-NO_2	$C_{28}H_{20}N_6O_5S_2$	57	190	57.52	57.57	3.45	3.50	14.38	14.30
KR_1-15	-4-F	$C_{28}H_{20}FN_5O_3S_2$	47	158	60.31	60.39	3.62	3.67	12.56	12.63

PROCEDIMENTO EXPERIMENTAL

Preparação da *N*-[4-metil-5-(*N*-{[(fenilamino)tioxometil]amino}carbamoil)- (1,3-tiazol-2-il)]benzamida (IV)

A uma solução de *N*-[5-(*N-aminocarbamoil*)-4-metil(1,3-tiazol-2-il)]benzamida **IIIa** (0,05 mol) em piridina (15 mL), foi adicionado isotiocianato de fenilo (0,06 mol) e a mistura foi refluxada durante 6 h. A mistura reacional foi vertida em gelo picado e o produto sólido separado foi filtrado, lavado com água, seco e recristalizado a partir de etanol (95%). Rendimento 65%; m.p.: 204 °C; Anal. calcd. para C19H17N5O2S2: C-55.46, H-4.16, N-17.02; Encontrado: C-55.51, H-4.13, N-17.07%.

Preparação da *N*-(5-{*N*-[aza(5-oxo-3-fenil(1,3-tiazolidin-2-ilideno))metil]-carbamoil}-4-metil(1,3-tiazol-2-il))benzamida (V)

Uma mistura contendo o composto **IV** (0,002 mol), ácido monocloroacético (0,003 mol) e acetato de sódio anidro (0,005 mol) em ácido acético glacial foi refluxada 4-5 h e depois vertida em gelo picado. Os precipitados formados foram filtrados, lavados com água e recristalizados a partir de acetona. Rendimento 63%; m.p.:172 °C; Anal. calcd. para C21H17N5O3S2: C-55.86, H-3.80, N-15.51; Encontrado: C-55.89, H-3.76, N-15.48%.

Preparação de *N*-[5-(*N*-{*aza*[5-oxo-3-fenil-4-(fenilmetileno)(1,3-tiazolidin-2-ilideno)]metil}carbamoil)-4-metil(1,3-tiazol-2-il)]benzamida (VI) (KRι-l)

Uma mistura contendo o composto (0,002 mol) **V**, o benzaldeído (0,002 mol) e a piperidina (2 gotas) em 1,4-dioxano foi refluxada durante 3-4 h, sendo depois deixada arrefecer à temperatura ambiente. Os cristais separados foram filtrados, secos e recristalizados a partir de DMF aquoso. Rendimento 52%; m.p.: 210 °C; Anal. calcd. para C28H21N5O3S2: C-62.32, H- 3.92, N-12.98; Encontrado: C-62.39, H-3.84, N-13.06%.

O progresso da reação e a pureza dos compostos **IV**, **V** e **VI** foram verificados em placas de TLC [sílica gel 60 F245 (E. Merck)] utilizando *n-hexano*:acetato de etilo (7:3) como irrigador e as placas foram visualizadas com luz ultravioleta (UV) ou vapor de iodo. Todos os compostos desta série foram preparados utilizando o mesmo método e as suas constantes físicas estão registadas na **TABELA 2**.

SECÇÃO 2

PREPARAÇÃO DE *N*-{5-[*N*-[AZA{4-[(ARYL)METHYLENE]-5-OXO-3-PHENYL(1,3-THIAZOLIDIN-2-YLIDENE)}METHYL)CARBAMOYL]-4-METHYL(1,3-THIAZOL-2-YL)}(4-METHOXYPHENYL)CARBOXAMIDES

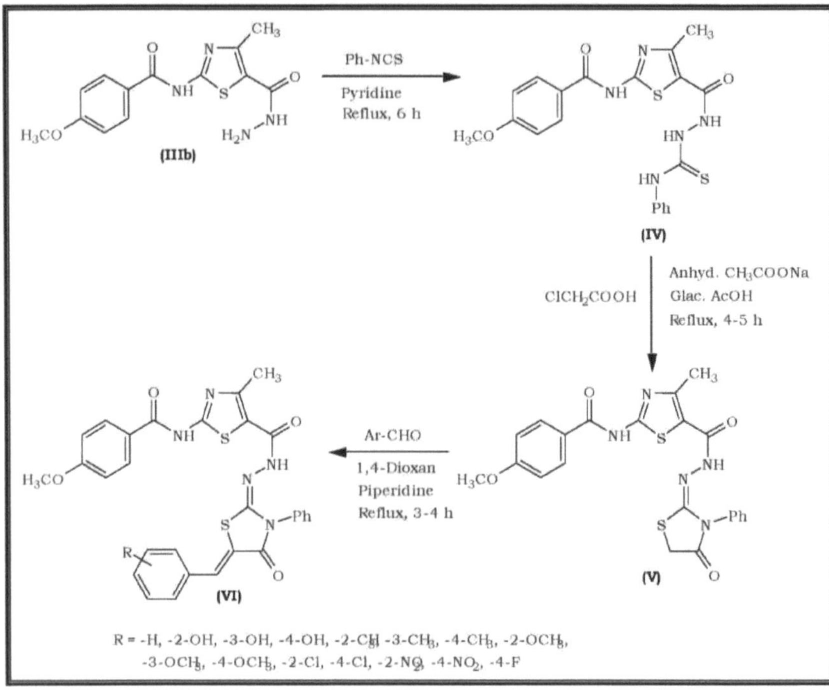

ESQUEMA SINTÉTICO 2

CONSISTENTES FÍSICOS DE *N*-{5-[*N*-(AZA{4-[(ARYL)METHYLENE]-5-OXO-3-PHENYL(1,3-THIAZOLIDIN- 2-YLIDENE)}METHYL)CARBAMOYL]-4-METHYL(1,3-THIAZOL-2-YL)}(4- METOXIFENIL)CARBOXAMIDAS

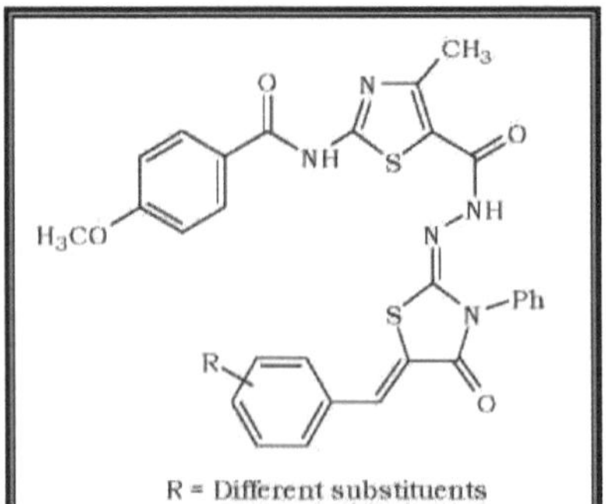

QUADRO 3

Sr. No.	-R	Molecular Formula	% Yield	M. P. °C	Elemental Analysis					
					% Carbon		% Hydrogen		% Nitrogen	
					Calcd	Found	Calcd	Found	Calcd	Found
KR_2-1	-H	$C_{29}H_{23}N_5O_4S_2$	51	231	61.15	61.21	4.07	4.12	12.29	12.33
KR_2-2	-2-OH	$C_{29}H_{23}N_5O_5S_2$	60	189	62.91	62.87	3.80	3.84	11.74	11.80
KR_2-3	-3-OH	$C_{29}H_{23}N_5O_5S_2$	59	202	62.91	62.93	3.80	3.82	11.74	11.81
KR_2-4	-4-OH	$C_{29}H_{23}N_5O_5S_2$	52	212	62.91	62.84	3.80	3.74	11.74	11.72
KR_2-5	-2-CH_3	$C_{30}H_{25}N_5O_4S_2$	53	196	61.73	61.81	4.32	4.36	12.00	12.06
KR_2-6	-3-CH_3	$C_{30}H_{25}N_5O_4S_2$	58	234	61.73	61.68	4.32	4.37	12.00	12.09
KR_2-7	-4-CH_3	$C_{30}H_{25}N_5O_4S_2$	55	188	61.73	61.77	4.32	4.40	12.00	11.95
KR_2-8	-2-OCH_3	$C_{30}H_{25}N_5O_5S_2$	58	175	60.09	60.17	4.63	4.68	12.26	12.30
KR_2-9	-3-OCH_3	$C_{30}H_{25}N_5O_5S_2$	54	201	60.09	60.03	4.63	4.70	12.26	12.20
KR_2-10	-4-OCH_3	$C_{30}H_{25}N_5O_5S_2$	50	225	60.09	60.14	4.63	4.57	12.26	12.34
KR_2-11	-2-Cl	$C_{29}H_{22}ClN_5O_4S_2$	59	169	57.66	57.60	3.68	3.62	11.59	11.54
KR_2-12	-4-Cl	$C_{29}H_{22}ClN_5O_4S_2$	61	211	57.66	57.72	3.68	3.51	11.59	11.64
KR_2-13	-2-NO_2	$C_{29}H_{22}N_6O_6S_2$	53	234	56.67	56.73	3.61	3.57	13.67	13.72
KR_2-14	-4-NO_2	$C_{29}H_{22}N_6O_6S_2$	53	189	56.67	56.63	3.61	3.67	13.67	13.62
KR_2-15	-4-F	$C_{29}H_{22}FN_5O_4S_2$	50	158	59.27	59.32	3.77	3.72	11.92	11.87

PROCEDIMENTO EXPERIMENTAL

Preparação de (4-metoxifenil)-*N*-[4-metil-5-(*N*-{[(fenilamino)tioxo metil]-amino}carbamoil)(1,3-tiazol-2-il)]carboxamida (IV)

A uma solução de *N*-[5-(*N-aminocarbamoil*)-4-metil(1,3-tiazol-2-il)](4-metoxifenil)carboxamida **IIIb** (0,05 mol) em piridina (15 mL), foi adicionado isotiocianato de fenilo (0,06 mol) e a mistura foi refluxada durante 6 h. A mistura reacional foi vertida em gelo picado e o produto sólido separado foi filtrado, lavado com água, seco e recristalizado a partir de etanol (95%). Rendimento 75%; m.p.: 184 °C; Anal. calcd. para C20H19N5O3S2: C-54.41, H-4.34, N-15.86; Encontrado: C-54.45, H-4.28, N-15.89%.

Preparação de *N*-(5-{*N*-[aza(5-oxo-3-fenil(1,3-tiazolidin-2-ilideno))metil]-carbamoil}-4-metil(1,3-tiazol-2-il))(4-metoxifenil)carboxamida (V)

Uma mistura contendo o composto **IV** (0,002 mol), ácido monocloroacético (0,003 mol) e acetato de sódio anidro (0,005 mol) em ácido acético glacial foi refluxada durante 4-5 h e depois vertida em gelo picado. Os precipitados formados foram filtrados, lavados com água e recristalizados a partir de acetona. Rendimento 73%; m.p.:176 °C; Anal. calcd. para C22H19N5O4S2: C-54.64, H-4.37, N-14.48; Encontrado: C-54.59, H-4.41, N-14.52%.

Preparação da *N*-[5-(*N*-{*aza*[5-oxo-3-fenil-4-(fenilmetileno)(1,3-tiazolidin-2-ilideno)]metil}carbamoil)-4-metil(1,3-tiazol-2-il)](4-metoxifenil)-carbox-amida (VI) (KR2-1)

Uma mistura contendo o composto (0,002 mol) **V**, o benzaldeído (0,002 mol) e a piperidina (2 gotas) em 1,4-dioxano foi refluxada durante 3-4 h, sendo depois deixada arrefecer à temperatura ambiente. Os cristais separados foram filtrados, secos e recristalizados a partir de DMF aquoso. Rendimento 51%; m.p.: 231 °C; Anal. calcd. para C29H23N5O4S2: C-61.15, H- 4.07, N-12.29; Encontrado: C-61.21, H-4.12, N-12.33%.

O progresso da reação e a pureza dos compostos **IV**, **V** e **VI** foram verificados em placas de TLC [sílica gel 60 F245 (E. Merck)] utilizando *n-hexano*:acetato de etilo (3:7) como irrigador e as placas foram visualizadas com luz ultravioleta (UV) ou vapor de iodo. Todos os outros compostos desta série foram preparados utilizando o mesmo método e as suas constantes físicas estão registadas na **TABELA 3**.

2.2 ANÁLISE ESPECTROSCÓPICA DOS COMPOSTOS SINTETIZADOS

Os compostos recém-sintetizados foram caracterizados por IR,[1] H NMR,[13] C NMR e dados de espectros de massa como se segue.

Parte-III, Série-1

A estrutura do produto **(KR1-1)** foi confirmada com base na sua análise elementar e nos dados espectrais. Por exemplo, os espectros de IV do composto **(KR1-1)** mostraram bandas de absorção caraterísticas da amina secundária a 3335 e 3263 cm^{-1} . As bandas de absorção apresentadas a 1670, 1693 e 1716 cm^{-1} eram caraterísticas dos grupos carbonilo. O seu espetro de RMN de[1] H revelou um singleto a δ = 7,79 ppm atribuível à ligação CH=C e a ausência de pico a δ = 3,80 e 4,13 ppm confirmou a formação do produto de Knoevenagel. Os protões do grupo metilo apresentaram um singlete a δ = 2,44 ppm. Os protões das aminas secundárias em ligações amida apareceram como um singleto a δ = 10,22 a 7,90 ppm, foram confirmados pelo desaparecimento do pico quando trocados com D2O. Os protões aromáticos apresentaram um multipleto centrado em δ = 7,21-8,02 ppm. O espetro de RMN de[13] C do composto **(KR1-1)** revelou vinte e dois carbonos não equivalentes. Os carbonos carbonílicos C-7, C-15 e C-12 apresentaram deslocamentos químicos a δ = 166,2, 167,5 e 168,8 ppm. Outro sinal importante foi apresentado a δ = 145,4 ppm, que era caraterístico do carbono C-17. O carbono C-16 da tiazolidinona apresentou uma deslocação química a δ = 116,7 ppm. Além disso, o espetro de massa de **(KRι-1)** mostrou um pico de ião molecular a *m/z* = 539 (M^+) correspondente à fórmula molecular C28H21N5O3S2. Os valores espectrais de todos os compostos e a análise de C, H e N são apresentados na parte experimental.

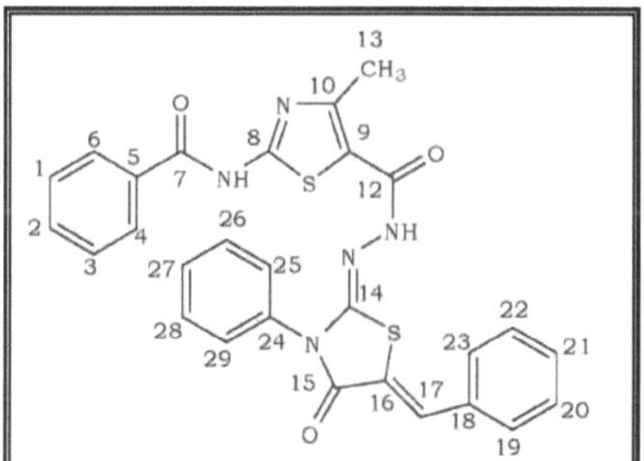

Figure 3

Caracterização da N-[5-(N-{aza[4-oxo-3-fenil-5-(fenilmetileno)(l, 3-tiazolidin-2-ilideno)]metil}carbamoil)-4-metil(l,3-tiazol-2-il)]benzamida ***(KRι-l)***

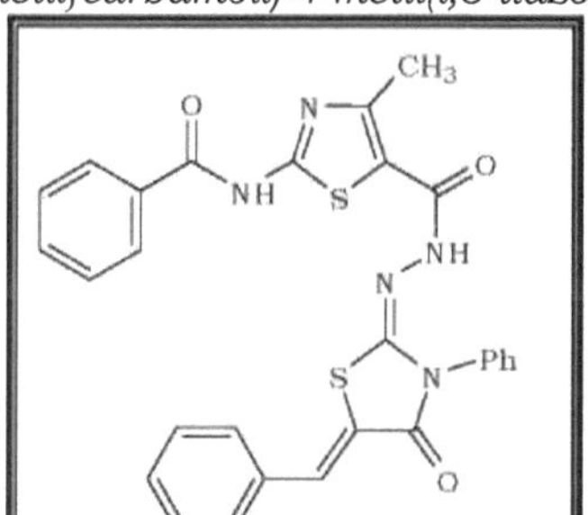

As atribuições espectrais ***de IV*** *(Figura-l)* ***Tabela 4***

No.	Wave number (cm^{-1})	Assignment
1	3335, 3263	N-H stretching, secondary
2	3075, 3055	C-H stretching, aromatic ring
3	3011	C-H stretching, CH=C
3	2920	C-H stretching, $-CH_3$
4	1714, 1693, 1670	C=O stretching
5	1577,1512	>C=N<, >C=C- stretching,
6	1383	C-H bending, $-CH_3$
7	980	C-H bending, CH=C

*Atribuição dos desvios químicos **de RMN** (δ ppm) aos diferentes protões (Figura-2)*
Quadro 5

No.	Chemical shift (δ ppm)	Multiplicity	Proton assignment	No. of protons
1	2.44	Singlet	$-CH_3$	3
2	7.60, 7.71, 8.02	Doublet	Ar-H	6
3	7.21, 7.34, 7.41, 7.48, 7.58, 7.66	Triplet	Ar-H	9
4	7.79	Singlet	-CH=C	1
5	7.90	Singlet	-CO-NH-	1
6	10.22	Singlet	-CO-NH-	1

*Padrão de fragmentação proposto (**LCMS**) (Figura-3)* ***Quadro 6***

No.	m/z	Relative intensity %	Ion
1	539	100%	(M^+) $C_{28}H_{21}N_5O_3S_2$

*Atribuição dos desvios químicos **de^{13} C NMR** (δ ppm) aos diferentes carbonos. (Figura-4)*

Quadro 7

18.6 (thiazole-C_4-CH_3), 116.7 (thiazolidinone-C_5), 127.2-134.8 (Ar-C), 132.7 (thiazole-C_5), 145.4 (CH=C), 150.5 (thiazolidinone-C_2), 154.9 (thiazole-C_4), 163.1 (thiazole-C_2), 166.2 (C=O linked to phenyl ring), 167.5 (thiazolidinone-C_4), 168.8 (C=O of amide)

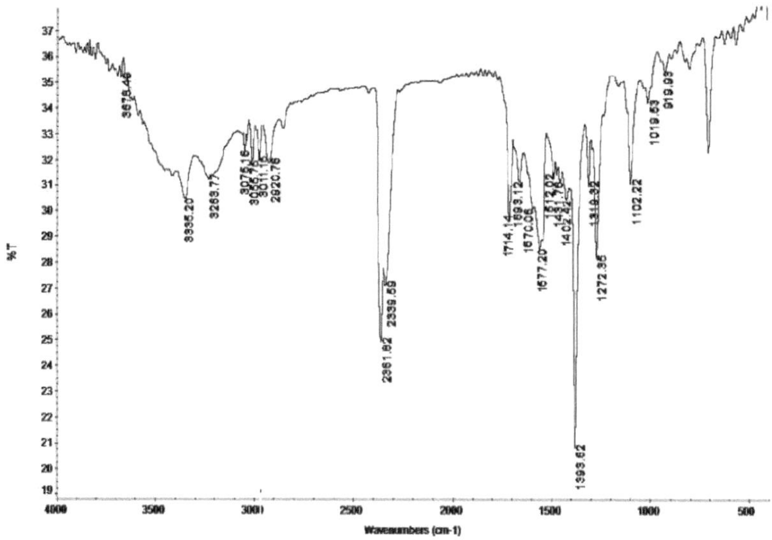

Figura 1

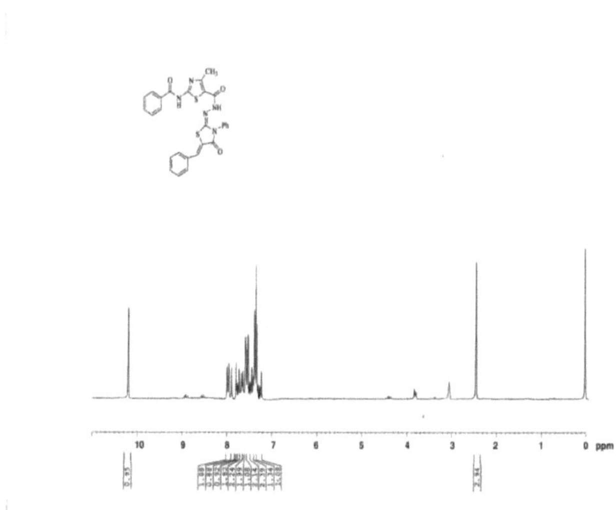

Figura 2

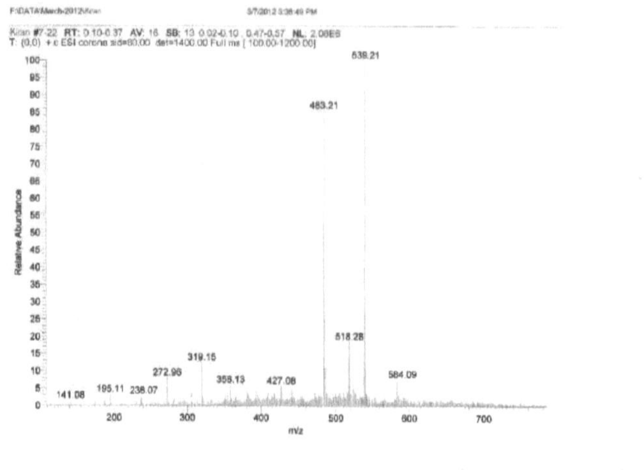

Figura 3

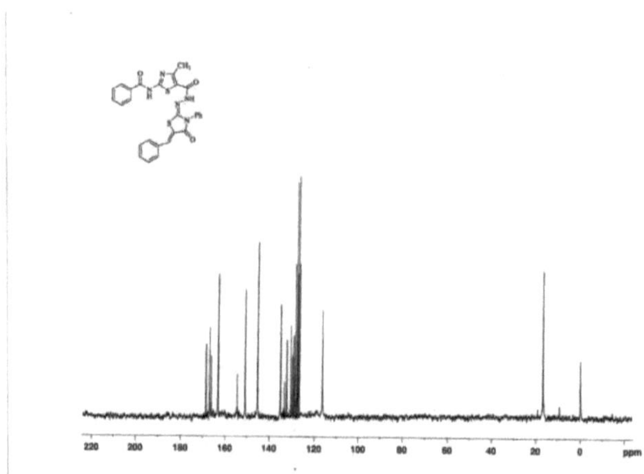

Figura 4

Caracterização da N-[5-(N-{aza[4-oxo-3-fenil-5-(fenilmetileno)(l, 3-tiazolidin-2-ilideno)]metil}carbamoil)-4-metil(l,3-tiazol-2-il)](4-metoxifenil)carboxamida

(KR$_2$ -1)

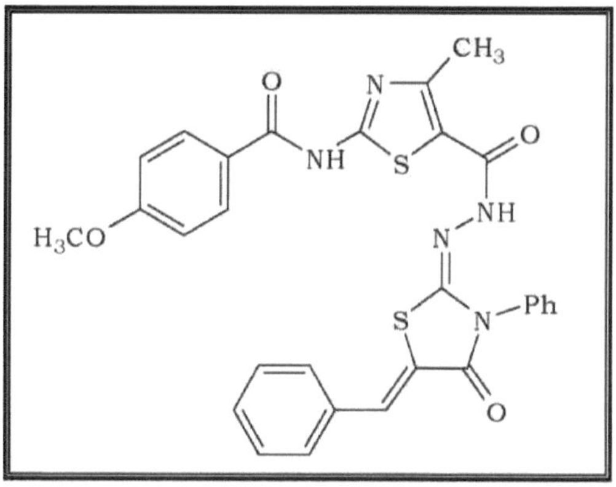

As atribuições espectrais ***de IV*** *(Figura-5)*

Quadro 8

No.	Wave number (cm^{-1})	Assignment
1	3275, 3220	N-H stretching, secondary
2	3080, 3025	C-H stretching, aromatic ring
3	3005	C-H stretching, CH=C
3	2936	C-H stretching, $-CH_3$
4	1713, 1697, 1679	C=O stretching
5	1578,1545	>C=N<, >C=C- stretching,
6	1383	C-H bending, $-CH_3$
7	969	C-H bending, CH=C

Atribuição dos desvios químicos ***de RMN*** *(δ ppm) aos diferentes protões (Figura-6)* ***Quadro 9***

No.	Chemical shift (δ ppm)	Multiplicity	Proton assignment	No. of protons
1	2.41	Singlet	$-CH_3$	3
2	3.82	Singlet	$-OCH_3$	3
2	7.14, 7.58, 7.72, 7.97	Doublet	Ar-H	8
3	7.24, 7.35, 7.44, 7.64	Triplet	Ar-H	6
4	7.80	Singlet	-CH=C	1
5	7.96	Singlet	-CO-NH-	1
6	10.24	Singlet	-CO-NH-	1

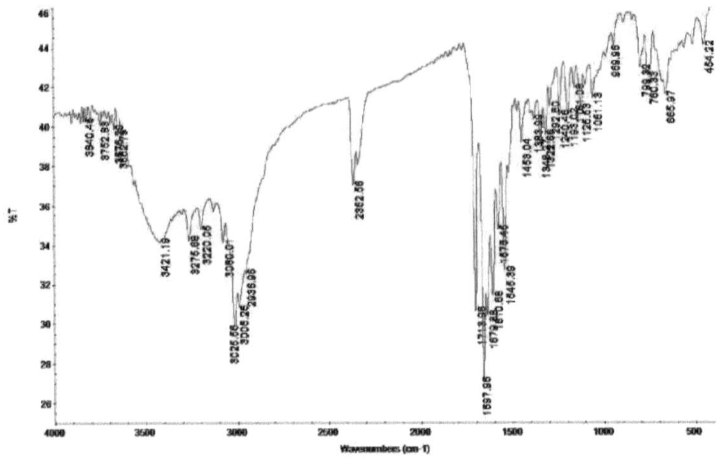

Figura 5

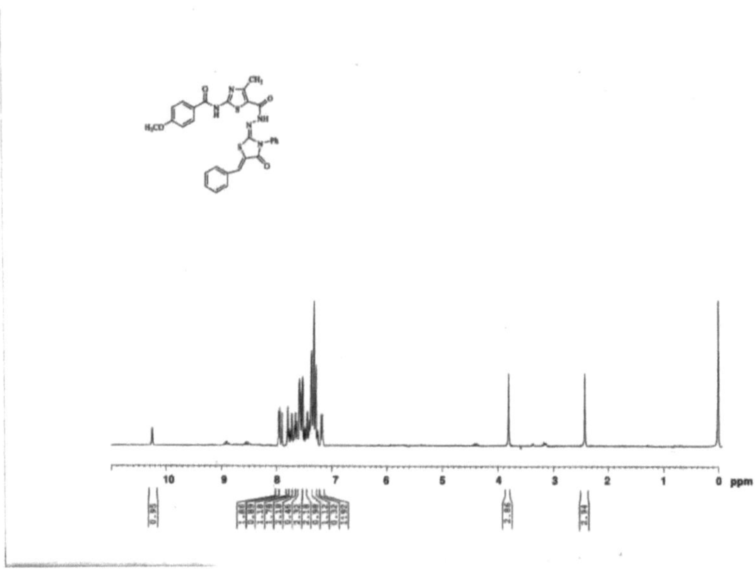

Figura 6

2.3 AVALIAÇÃO BIOLÓGICA DOS COMPOSTOS SINTETIZADOS

Introdução:

A doença do legionário, a gripe, a iterícia, a tuberculose, a febre tifoide, as dermatomicoses, a disenteria, o paludismo, etc., são doenças humanas causadas por microrganismos (bactérias e fungos). Sabe-se também que os animais (infectados com brucelose, tularemia, etc.) e as plantas (infectadas com míldio, ferrugem, smuts, cancros, manchas foliares, etc.) são vítimas de agentes patogénicos microbianos. Existem cerca de 10 vezes mais células bacterianas do que células humanas no corpo humano, com um grande número de bactérias na pele e no trato digestivo.[1] Embora a grande maioria destas bactérias se torne inofensiva ou benéfica devido aos efeitos protectores do sistema imunitário, algumas bactérias patogénicas causam doenças infecciosas, incluindo a cólera, a sífilis, o carbúnculo, a lepra e a peste bubónica. As doenças bacterianas mortais mais comuns são as infecções respiratórias, tanto quanto se sabe; a humanidade é estreitamente influenciada pelas actividades dos microrganismos. Os microrganismos fazem parte da nossa vida de mais formas do que a maioria de nós compreende. Os microrganismos não devem ser considerados separados dos seres humanos, mas devem ser considerados como parte da nossa vida. Os microrganismos têm uma profunda influência benéfica na nossa vida quotidiana. São utilizados no fabrico de produtos lácteos, de certos alimentos, no fabrico de certos produtos químicos e de muitas outras formas.

As bactérias são microorganismos unicelulares. Têm normalmente alguns micrómetros de comprimento e muitas formas, incluindo esferas, bastonetes e espirais. Os microrganismos têm desempenhado um papel importante na guerra, na religião e na migração das populações. O controlo da população microbiana é necessário para evitar a transmissão de doenças, a infeção, a decomposição, a contaminação e a deterioração causadas por eles.[2] O conforto pessoal e a conveniência do homem dependem em grande medida do controlo da população microbiana.

Bactérias:

As bactérias são uma forma de vida antiga e bem sucedida, bastante diferente dos eucariotas (que incluem os fungos, as plantas e os animais). São células pequenas, que se encontram no ambiente como células individuais ou agregadas em grupos, e a sua estrutura intracelular é muito mais simples do que a dos eucariotas.

As bactérias têm um único cromossoma de ADN circular que se encontra no citoplasma da célula, uma vez que não têm um núcleo. De facto, não possuem nenhum dos organelos intracelulares tão caraterísticos das células eucarióticas, como o aparelho de Golgi, o retículo endoplasmático, os lisossomas ou as mitocôndrias. No entanto, são geralmente capazes de "vida livre" e, por conseguinte, possuem toda a maquinaria biossintética necessária para o efeito, incluindo ribossomas 70S (por oposição às formas maiores 80S encontradas nos eucariotas) distribuídos por todo o citoplasma.

A região mais complexa da célula é frequentemente a superfície celular. A parede celular/membrana externa é descrita abaixo, mas, além disso, algumas bactérias podem segregar uma cápsula polissacárida na sua superfície externa, algumas podem ter flagelos que necessitam para a sua mobilidade e algumas podem ter projecções externas, como fímbrias e pili, que são úteis para a aderência no habitat escolhido. Embora as bactérias sejam geralmente muito mais simples do que as células eucarióticas, são extremamente eficientes no seu pequeno nicho - e isto pode incluir a capacidade de causar infecções humanas. Bactérias

multiplicam-se por fissão binária e não há interação sexual.[3]

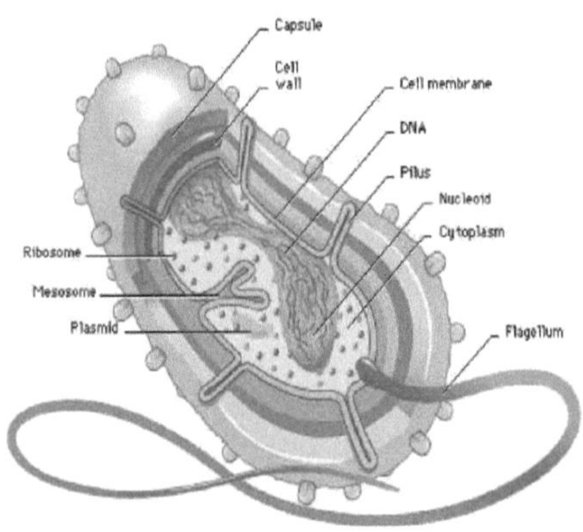

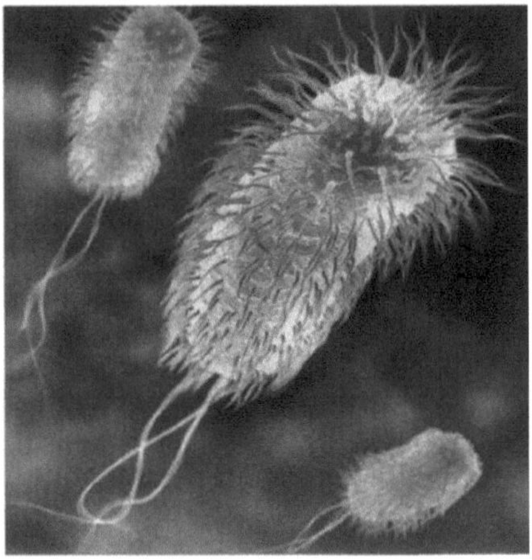

O nome *bactéria* foi introduzido por um cientista alemão, Christian Gottfried

Ehrenberg em 1828, para designar pequenos organismos microscópicos com uma forma relativamente simples e primitiva de organização celular conhecida como "procariótica". Ao contrário dos animais e de outros eucariotas, as células bacterianas não contêm um núcleo ou outros organelos ligados à membrana. Embora o termo *bactéria* incluísse tradicionalmente todos os procariotas, a nomenclatura científica mudou após a descoberta de que a vida procariótica consiste em dois grupos muito diferentes de organismos que evoluíram independentemente de um ancestral comum antigo. Estes domínios evolutivos são designados por Bactérias e Archaea.[4]

O estudo da biologia das bactérias requer algum conhecimento da reação da coloração de Gram. Esta técnica é essencial para a identificação e classificação das bactérias. Em 1884, Hans Christian Gram descobriu que as bactérias podiam ser divididas em dois grupos. Neste processo, são vertidos corantes púrpura sobre bactérias que foram espalhadas numa lâmina de microscópio e as paredes celulares das bactérias (feitas de peptidoglicano) absorvem a cor. Se, em seguida, se aplicar um solvente à lâmina, as bactérias que têm apenas uma parede celular mantêm a sua cor púrpura, mas as bactérias que têm uma membrana celular extra (feita de fosfolípidos) fora da sua parede celular perdem rapidamente a coloração púrpura e tornam-se incolores; para poder ver estas bactérias ao microscópio, utiliza-se então uma segunda coloração vermelha.

- ❖ As bactérias que conseguem manter o corante **roxo** original têm apenas uma parede celular - são chamadas **Gram-positivas**.
- ❖ As bactérias que perdem o corante púrpura original e podem, portanto, absorver o segundo corante **vermelho**, têm uma parede e uma membrana celular - são chamadas **Gramnegativas**.

Gram-positive

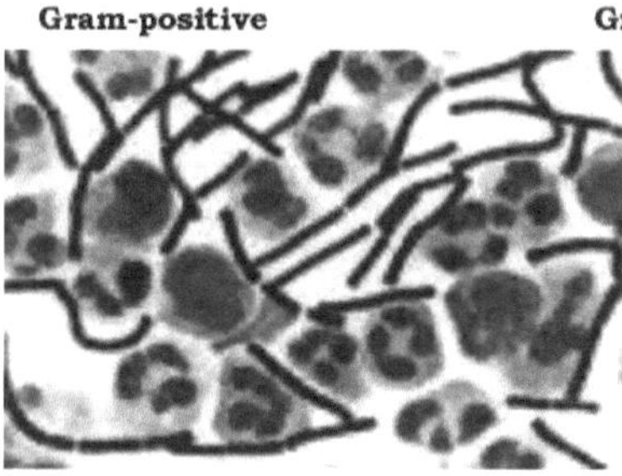

Gram-negative

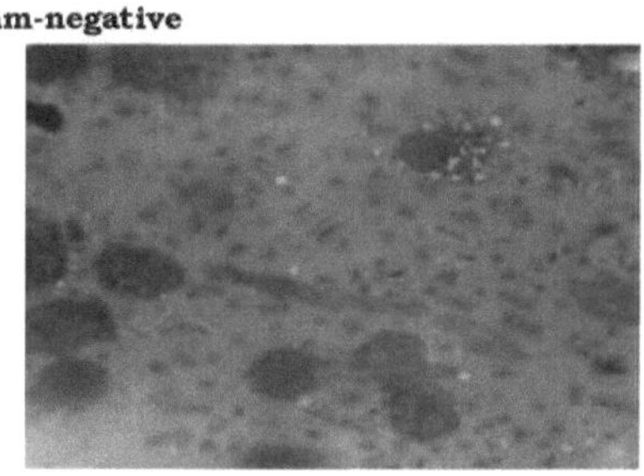

As bactérias Gram-positivas têm uma parede celular composta por uma única camada espessa de

peptidoglicano. As bactérias Gram-negativas têm uma parede celular com várias camadas mais finas compostas por peptidoglicano, lipopolissacárido e proteínas. A reação de coloração de Gram pode identificar as bactérias como Gram-positivas ou Gram-negativas, mas são necessárias colorações potencialmente confusas e microscópios caros. O teste de KOH é um método mais rápido e mais simples para determinar a mesma reação. Quando as células bacterianas Gram-negativas são colocadas numa solução alcalina (KOH a 3%), as paredes celulares são destruídas e o conteúdo celular, incluindo o ADN, é libertado. Devido ao facto de a estrutura da sua parede celular ser diferente, as bactérias Gram-positivas não sofrem lise em KOH a 3%. O método KOH foi originalmente desenvolvido por um cientista japonês chamado Ryu em 1938. A coloração de Gram é uma ferramenta de diagnóstico importante na medicina humana, porque alguns antibióticos são eficazes apenas contra bactérias Gram-negativas (por *exemplo,* eritromicina) e outros apenas contra bactérias Gram-positivas (*por exemplo,* penicilina, actinomicina). As bactérias também causam doenças nas plantas. A maioria das bactérias patogénicas para as plantas são Gram negativas (*Agrobacterium, Erwinia, Pseudomonas, Ralstonia* e *Xanthomonas).* Alguns géneros de bactérias encontrados em associação com plantas são Gram-positivos (*Bacillus, Clauibacter* e *Streptomyces*).

Para a avaliação da atividade antibacteriana no nosso caso, utilizámos *Staphylococcus aureus* e *Streptococcus pyogenes* do grupo de bactérias Gram-positivas e *Escherichia coli* e *Pseudomonas aeruginosa* do grupo de bactérias Gram-negativas

Atividade antimicrobiana dos compostos sintetizados:

Calcula-se que a esperança de vida dos seres humanos tenha aumentado quase uma década desde a descoberta de agentes antimicrobianos contra infecções microbianas. Uma consequência do nosso sucesso com os agentes antibacterianos e a melhoria dos cuidados médicos é o aumento do número de infecções fúngicas. A incidência de infecções fúngicas aumentou drasticamente nos últimos 20 anos, em parte devido ao aumento do número de pessoas cujo sistema imunitário está comprometido pela SIDA, pelo envelhecimento, pelo transplante de órgãos ou pela terapia do cancro. Consequentemente, o aumento das taxas de morbilidade e mortalidade das infecções foi agora reconhecido como um problema importante. Em resposta, a indústria farmacêutica desenvolveu uma série de novos antifúngicos menos tóxicos para utilização clínica. A sua utilização crescente, muitas vezes durante um período prolongado, levou ao aumento da incidência de infecções com espécies menos comuns, com resistência intrínseca a um ou mais dos agentes antifúngicos disponíveis.

Os fungos são eucariotas não fotossintéticos que crescem quer como colónias de células individuais (leveduras) quer como agregados multicelulares filamentosos (bolores). A maioria dos fungos vive como sapróbios no solo ou em material vegetal morto e são importantes na mineralização da matéria orgânica. Alguns são patogénicos para o homem e para os animais. Os métodos *in vitro* utilizados para a deteção da potência antifúngica são semelhantes aos utilizados no rastreio antibacteriano. Tal como acontece com as bactérias, é fácil descobrir vários compostos sintéticos e naturais que, em quantidades mínimas, podem retardar ou impedir o crescimento de fungos.

Métodos de rastreio da atividade antimicrobiana:

> As seguintes condições devem ser seguidas para o rastreio da atividade antimicrobiana ' :[68]

- ❖ Deve haver um contacto íntimo entre os organismos de ensaio e a substância a avaliar.
- ❖ Devem ser criadas as condições necessárias para o crescimento dos microrganismos.
- ❖ As condições devem ser as mesmas durante o estudo.
- ❖ Deve ser mantido um ambiente assético/estéril.

Vários métodos têm sido utilizados de tempos a tempos por diversos trabalhadores para avaliar a atividade antimicrobiana. A avaliação pode ser efectuada através dos seguintes métodos:

- Método turbidométrico
- Método de diluição em estrias de ágar
- Método de diluição em série
- Método de difusão em ágar

> As técnicas seguintes são utilizadas como método de difusão em ágar:

- Método do copo de ágar
- Método da vala de ágar
- Método do disco de papel

Utilizámos o **método de diluição em caldo** para analisar a atividade antimicrobiana.

É um dos testes de suscetibilidade microbiana *in nitro* não automatizados. Este método clássico produz um resultado quantitativo para a quantidade de agentes antimicrobianos necessária para inibir o crescimento de microrganismos específicos. É efectuado em tubos.

- Método de Macrodiluição em Tubos
- Formato de microdiluição com tabuleiros de plástico

No presente protocolo, utilizámos o formato de microdiluição.

Material e método:

1. Todos os fármacos sintetizados foram utilizados em procedimentos de teste antimicrobiano
2. Todos os controlos necessários, como:

> Controlo da droga
> Controlo do veículo
> Controlo do ágar
> Controlo dos organismos
> Controlo de medicamentos antimicrobianos conhecidos
> Todas as culturas MTCC foram testadas contra as drogas conhecidas e desconhecidas acima mencionadas
> O caldo Mueller hinton foi utilizado como meio nutriente para cultivar e diluir a suspensão do medicamento para o microrganismo testado
> O tamanho do inóculo para a estirpe de ensaio foi ajustado para 10^6 CFU [Unidade Formadora de Colónias] por mililitro, comparando a turvação
> A técnica de diluição em série foi seguida pelo método micro, de acordo com o manual NCCLS-1992[9]
> Para o rastreio das actividades antibacterianas e antifúngicas, foram utilizadas as seguintes estirpes padrão comuns. As estirpes foram obtidas no Instituto de Tecnologia Microbiana, Chandigarh
> *Escherichia coli* (Gram-negativa) MTCC-443
> *Pseudomonas aeruginosa* (Gram-negativa) MTCC-1688
> *Staphylococcus aureus* (Gram-positivo) MTCC-96
> *Streptococcus pyogenes* (Gram-positivo) MTCC-442
> *Candida albicans* MTCC-227
> *Aspergillus niger* MTCC-282
> *Aspergillus clavatus* MTCC-1323

Foi utilizado DMSO a 2% como diluente/veículo para obter a concentração desejada de fármacos para testar em estirpes bacterianas padrão.

Concentração mínima de inibição (MIC)

A principal vantagem do "**Método de Diluição em Caldo**" para a determinação da CIM reside no facto de poder ser facilmente convertido para determinar também a CIM.

1. Foram preparadas diluições em série para o rastreio primário e secundário.
2. O tubo de controlo que não contém antibiótico é imediatamente submetido a uma subcultura [antes da inoculação], espalhando uma gota uniformemente sobre um quarto de [placa de meio adequado para o crescimento do organismo testado] e colocado em incubação a 37^0 C durante a noite. Os tubos são então incubados durante a noite.
3. A CIM do organismo de controlo é lida para verificar a exatidão das concentrações do medicamento.
4. A concentração mais baixa que inibe o crescimento do organismo é registada como CIM.
5. A quantidade de crescimento do tubo de controlo antes da incubação [que representa o inóculo original] é comparada.

Métodos utilizados para o rastreio primário e secundário:

Cada fármaco sintetizado foi diluído obtendo-se 2000 µg/mL de concentração, como solução estoque.

Rastreio primário: Na triagem primária, foram tomadas concentrações de 1000 µg/mL, 500 µg/mL e 250 µg/mL dos fármacos sintetizados. Os medicamentos sintetizados ativos encontrados nesta triagem primária foram testados em um segundo conjunto de diluição contra todos os microrganismos.

Triagem secundária: Os medicamentos considerados ativos na triagem primária foram diluídos de forma semelhante para obter 200 µg/mL, 100 µg/mL, 50 µg/mL, 25 µg/mL, 12,5 µg/mL e 6,250 µg/mL concentrações.

Resultado da leitura:

A diluição mais elevada que apresenta pelo menos 99 % de zona de inibição é considerada como CIM. O resultado disto é muito afetado pelo tamanho do inóculo. A mistura de teste deve conter 10^6 organismo/mL.

Os medicamentos de série:

O medicamento padrão usado no presente estudo é a "**ciprofloxacina**" para avaliar a atividade antibacteriana, que mostrou 25, 25, 50 e 50 µg/mL MIC em seis conjuntos contra *E. coli, P. aeruginosa, S. aureus* e *S. pyogenes*, respetivamente. **A "griseofulvina"** é usada como droga padrão para a atividade antifúngica, que mostrou 500, 100 e 100 µg/mL MIC em seis conjuntos contra *C. albicans, A.niger* e *A. clavatus*, respetivamente, usados para a atividade antifúngica.

Análise estatística

O valor do desvio padrão foi expresso em termos de ± DP. Com base no valor calculado através do método ANOVA unidirecional seguido de um teste *t* independente de duas amostras, observou-se que as diferenças inferiores a 0,001 foram consideradas estatisticamente significativas. Os compostos foram analisados quanto às suas actividades antibacterianas e antifúngicas em seis conjuntos (n) contra bactérias e fungos utilizados no presente protocolo.

±SD = Desvio padrão, *** $P < 0{,}001$ extremamente significativo, ** $P < 0{,}01$ moderadamente significativo, * $P < 0{,}05$ significativo. Todos os valores são apresentados como média de 6 experiências (n=6). Todas as diferenças significativas são consideradas em relação ao valor de controlo 0,00

Fotografias das estirpes utilizadas para as actividades antibacteriana e antifúngica

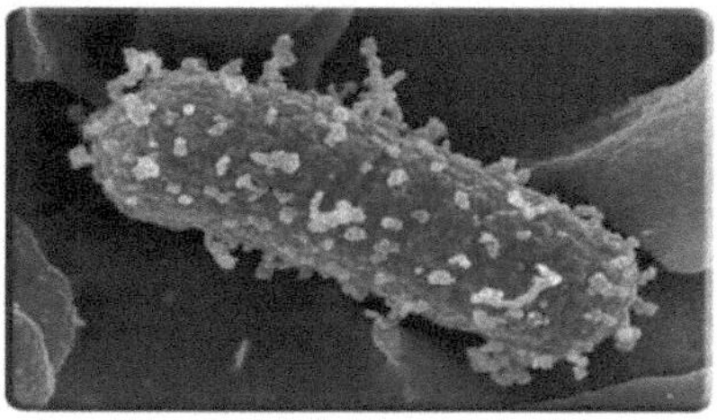

E. coli

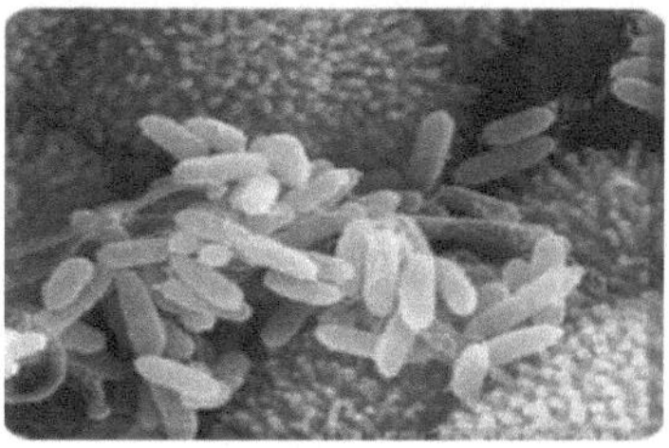

P. Aeruginosa

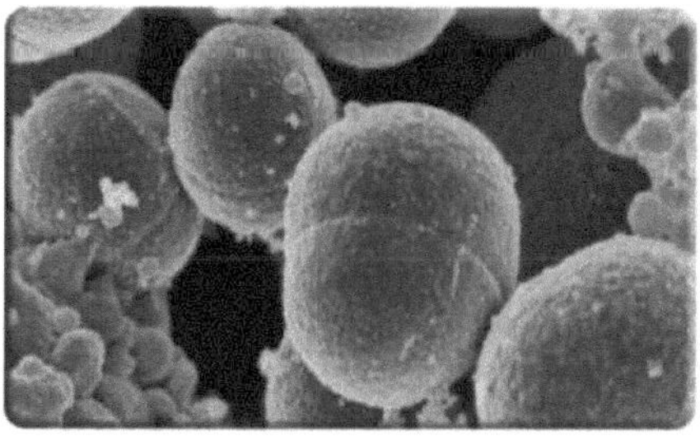

S. aureus

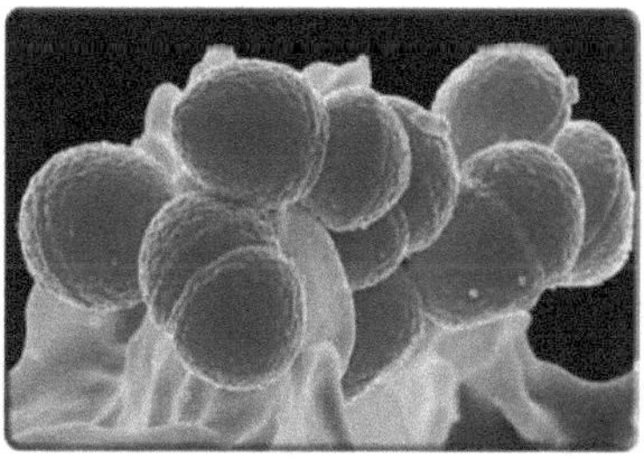

S. Pyogenes

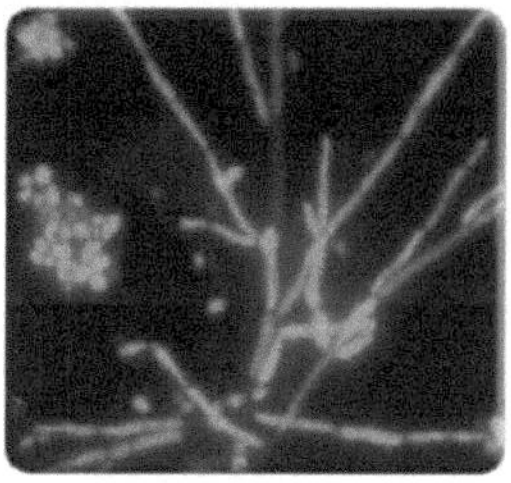

C. albicans

A. niger

A. clavatus

Medicamentos antibacterianos e antifúngicos atualmente utilizados

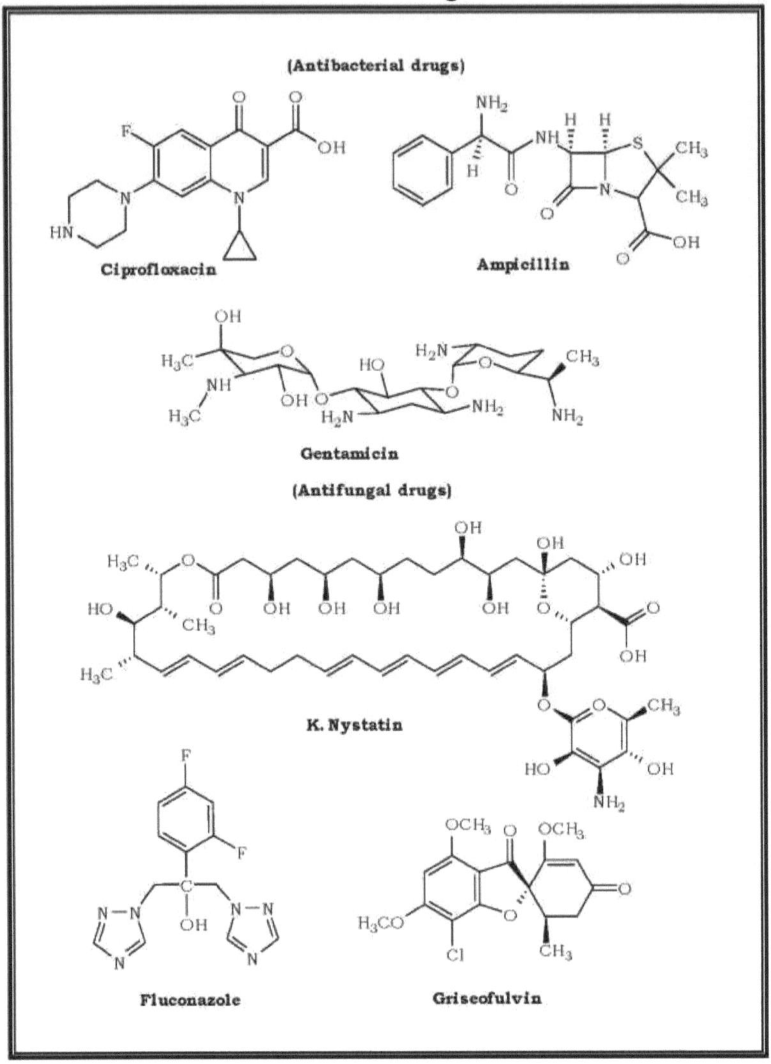

TABELA-10: ACTIVIDADE ANTIMICROBIANA DAS *N-{5-*[*N-*(AZA{5-[(ARIL)METILENO] -4-OXO-3-FENIL(1,3-TIAZOLIDIN-2-ILIDENO)}METIL)CARBAMOIL]-4-METIL(1,3-TIAZOL-2-IL)}BENZAMIDAS

Sr. No.	-R	Minimum inhibitory concentration (MIC) for bacteria (μg/mL) ± SD				Minimum inhibitory concentration (MIC) for fungi (μg/mL) ± SD		
		E. coli MTCC 443	*P. aeruginosa* MTCC 1688	*S. aureus* MTCC 96	*S. pyogenes* MTCC 442	*C. albicans* MTCC 227	*A. niger* MTCC 282	*A. clavatus* MTCC 1323
KR_1-1	-H	250±3.05	100±1.00	250±4.04*	100±3.46*	500±4.04	250±3.70*	100±1.00*
KR_1-2	-2-OH	100±2.64*	100±1.00**	100±3.21	50±3.60**	100±2.88**	50±4.04*	500±4.16
KR_1-3	-3-OH	100±3.21	50±2.88	250±2.05**	250±2.05	1000±3.60	50±1.20***	500±4.50**
KR_1-4	-4-OH	25±1.60**	100±2.04**	100±3.05	250±3.21*	500±4.35**	250±4.16*	25±3.46
KR_1-5	-2-CH_3	50±3.61*	25±4.04	500±1.16*	50±3.21	250±2.72*	25±2.58***	100±1.50***
KR_1-6	-3-CH_3	500±3.60	500±1.60**	250±1.05***	100±4.16*	500±2.18**	100±4.04*	100±4.04
KR_1-7	-4-CH_3	12.5±1.20**	50±3.60*	50±2.04*	12.5±1.92*	100±4.60	25±1.60**	25±2.05**
KR_1-8	-2-OCH_3	500±1.78*	50±2.21**	100±4.16	25±3.78**	250±1.16***	50±1.18*	100±3.78*
KR_1-9	-3-OCH_3	100±3.78*	100±3.78	250±2.04**	250±3.46	500±1.52*	500±1.60*	500±3.52*
KR_1-10	-4-OCH_3	50±2.44*	25±1.21*	50±4.16	50±1.78	250±2.05**	25±3.78	100±3.78
KR_1-11	-2-Cl	500±4.40	500±3.26	500±3.78**	500±4.61*	1000±4.72	250±1.60*	500±3.60*
KR_1-12	-4-Cl	100±2.19*	100±1.04***	500±4.60*	100±3.78**	250±2.56*	500±4.16**	50±4.72**
KR_1-13	-2-NO_2	250±1.60***	500±3.78*	500±2.64	500±2.64**	1000±2.88*	500±2.64*	1000±1.00**
KR_1-14	-4-NO_2	250±1.52*	250±2.04**	500±4.04*	500±2.05***	1000±4.61**	500±4.16	1000±4.04*
KR_1-15	-4-F	500±3.60	500±1.16*	500±4.50***	250±3.60*	500±4.04	250±4.16*	250±1.86**
Ciprofloxacin		25±2.15	25±0.98	50±1.52	50±2.08	-	-	-
Griseofulvin		-	-	-	-	500±0.58	100±1.16	100±1.10

TABELA-11: ACTIVIDADE ANTIMICROBIANA DE *N-{5-*[*N-*(AZA{5-[(ARIL)METILENO]-4-OXO-3-FENIL(1,3-TIAZOLIDIN-2-ILIDENO)}METIL)CARBAMOIL]-4-METIL(1,3-TIAZOL-2-YL)}(4-METOXIFENIL)CARBOXAMIDAS

Sr. No.	-R	Minimum inhibitory concentration (MIC) for bacteria (μg/mL) ± SD				Minimum inhibitory concentration (MIC) for fungi (μg/mL) ± SD		
		E. coli MTCC 443	*P. aeruginosa* MTCC 1688	*S. aureus* MTCC 96	*S. pyogenes* MTCC 442	*C. albicans* MTCC 227	*A. niger* MTCC 282	*A. clavatus* MTCC 1323
KR_2-1	-H	250±2.46*	500±4.72	500±4.61	1000±2.05*	1000±4.64*	500±3.78**	500±1.00
KR_2-2	-2-OH	100±3.51	250±4.16*	250±1.92	100±3.46***	500±2.64	250±4.70	250±4.16*
KR_2-3	-3-OH	100±1.53	100±4.72	100±2.72*	250±4.04	1000±4.16	250±3.46	100±4.50**
KR_2-4	-4-OH	50±1.05***	250±3.21*	50±2.56**	250±3.78**	250±1.51*	100±4.72**	250±3.46
KR_2-5	-2-CH_3	25±1	25±2.04**	250±3.78	100±2.58*	100±3.60**	100±3.60**	100±1.50*
KR_2-6	-3-CH_3	100±2.58*	250±4.16	250±2.05*	100±4.04***	250±1.51	250±4.64	250±4.04
KR_2-7	-4-CH_3	12.5±1.20*	50±2.64**	50±1.18**	50±1.20	100±2.64*	25±3.52***	25±2.05***
KR_2-8	-2-OCH_3	250±3.78**	100±1.60*	100±4.04	100±4.16***	100±1.60	100±4.04	100±3.78
KR_2-9	-3-OCH_3	50±3.78***	250±4.05	250±2.56*	250±3.78*	500±4.61**	250±2.05*	250±3.52**
KR_2-10	-4-OCH_3	25±1.51	50±1**	100±2.64*	50±2.05**	50±2.60**	100±4.16	50±3.78*
KR_2-11	-2-Cl	250±3.60*	250±2.64*	1000±4.61	500±3.60	1000±1.18	250±1.60**	250±3.60**
KR_2-12	-4-Cl	500±4.04*	500±2.88	250±2.88**	1000±3.78	1000±2.56	500±2.05**	1000±4.72
KR_2-13	-2-NO_2	500±3.78***	250±3.52**	500±4.72	250±2.88***	1000±3.70	1000±3.78	1000±1.00
KR_2-14	-4-NO_2	250±4.16*	500±1.60*	500±4.46	500±2.58*	1000±2.61*	1000±4.72	500±4.04**
KR_2-15	-4-F	1000±4.72*	250±3.64*	500±3.46*	250±4.62	1000±3.52*	250±1.86**	1000±1.86
Ciprofloxacin		25±2.15	25±0.98	50±1.15**	50±1.10	-	-	-
Griseofulvin		-	-	-	-	500±0.58	100±1.15	100±1.12

2.4 CONCLUSÃO

Preâmbulo

As doenças antibacterianas e antifúngicas são prevalecentes em todo o mundo e o último meio século é uma testemunha ocular da Química Medicinal, devido à disseminação de estirpes bacterianas resistentes prevalecentes e emergentes. Por conseguinte, os medicamentos atualmente disponíveis não são suficientes para o tratamento da tuberculose, da SIDA, do cancro, das infecções microbianas, etc. Por este motivo, a procura de novas moléculas biologicamente activas é um processo contínuo. A presente tese é uma tentativa agressiva de sintetizar alguns compostos heterocíclicos bioactivos como agentes antimicrobianos. O trabalho selecionado para esta tese foi construído com a ideia principal de co-relacionar a estrutura das moléculas bioactivas com a atividade antimicrobiana sob a forma de actividades antibacterianas e antifúngicas. Com base na pesquisa bibliográfica e nas actividades biológicas relatadas na Química Medicinal, selecionámos derivados de tiazóis e tiazolidinas para a modificação estrutural e o padrão é alargado para a procura de novas moléculas bioactivas.

Trata-se de um processo contínuo para a procura de novas entidades químicas (NCE). Sintetizámos uma série de **30** compostos utilizando uma abordagem de síntese aleatória e estes compostos foram analisados quanto às suas actividades antibacterianas e antifúngicas. Os resultados das actividades biológicas foram expressos sob a forma de Concentração Inibitória Mínima para bactérias (MIC_B) e Concentração Inibitória Mínima para fungos (MIC_F).

Os resultados da atividade antibacteriana são apresentados sob a forma de excelente, bom e moderado Quadro 12

	E. coli	***P. aeruginosa***	***S. aureus***	***S. pyogenes***
Compounds having excellent activity (**12.5** µg/mL)	KR_1-7, KR_2-7	----	----	KR_1-7
Compounds having good activity (**25** µg/mL)	$KR_1$6,KR_1-12, KR_2-4	KR_1-9, KR_1-5, KR_1-10	----	KR_1-8
Compounds having moderate activity (**50** µg/mL)	KR_1-5, KR_1-10, KR_2-4, KR_2-9	KR_1-3, KR_1-7, KR_1-8, KR_2-7, KR_2-10	KR_1-7, KR_1-10, KR_2-4, KR_2-7	KR_1-2, KR_1-5, KR_1-10, KR_2-7, KR_2-10

Os resultados da atividade antifúngica são apresentados sob a forma de excelente, bom e moderado Quadro 13

	C. albicans	*A. niger*	*A. clavatus*
Compounds having excellent activity (**12.5** μg/mL)	----	----	----
Compounds having good activity (**25** μg/mL)	----	KR_1-5, KR_1-7, KR_1-10, KR_2-7	KR_1-4, KR_1-7, KR_2-7
Compounds having moderate activity (**50** μg/mL)	KR_2-10	KR_1-2, KR_1-3, KR_1-8	KR_1-12, KR_2-10

Protocolo da concentração: *Para a atividade antibacteriana, no presente protocolo,* ***50 μg/mL*** *foi considerado como atividade moderada,* ***25 μg/mL*** *foi considerado como boa atividade e* ***12,5 μg/mL*** *foi considerado excelente em comparação com o medicamento padrão ciprofloxacina. No caso da atividade antifúngica, no presente protocolo,* ***50 μg/mL*** *foi considerado como atividade moderada,* ***25 μg/mL*** *foi considerado como boa atividade e* ***12,5 μg/mL*** *foi considerado excelente em comparação com o medicamento padrão griseofulvina.*

Mapa rodoviário futurista

thA segunda metade do século XX mostrou uma melhoria notável na terapia de infecções bacterianas e fúngicas. Infelizmente, devido à utilização excessiva de alguns agentes antibacterianos e antifúngicos atualmente disponíveis, as bactérias e os fungos começam a reagir e a desenvolver resistência aos agentes antimicrobianos atualmente disponíveis. Tendo em mente a resistência dos micróbios, na presente tese, foi dada ênfase à síntese de algumas novas moléculas bioactivas como os derivados de tiazóis e 4-oxo-tiazolidinas. Com base nos resultados das actividades biológicas, podemos concluir que várias moléculas desempenharão um papel importante no desenvolvimento de agentes antimicrobianos no futuro.

O âmbito desta tese mantém um equilíbrio significativo entre os métodos de síntese de vários heterociclos, bem como a sua atividade biológica. O resultado da tese é que foram estabelecidas novas metodologias para a síntese de tiazóis e tiazolidinas que não foram relatadas até agora, de acordo com o resultado da pesquisa **Sci-Finder**.

2.5 Referências:

1. Sears *C; "Uma parceria dinâmica: Celebrando a nossa flora intestinal"*; Anaerobe, 11, 247, **2005**.

2. Barrows W; "*Text Book of Microbiology*", W B Saunders Co., Philadelphia, 17th ed, **1959**.
3. http://www.microbiologybytes.com/iandi/3a.html
4. *Woese C R, Kandler O, Wheelis M L; "Towards a natural system of organisms: proposal for the domains Archaea, Bacteria, and Eucarya"; Proc. Natl. Acad. Sci. U.S.A., 87, 4576,* ***1990***.
5. http://www.apsnet.org/education/K-12PlantPathways/TeachersGuide/Actividades/DNA_Easy/ exerciseepg1.htm
6. Robert C; "*Medical Microbiology*", ELBS e E & S; Livingstone, Briton, 11th ed., 895, **1970**.
7. Sujatha G D; *Ind. J. Expt. Biol.*, 13, 286, **1975**.
8. Walksman S A; " *Microbial Antagonism and Antibiotic Substances* ", Common Wealth Fund, Nova Iorque, 2nd ed, 72, **1947**.
9. National Committee for Clinical Laboratory Standard, Reference method for broth dilution antifungal susceptibility testing of yeasts Approved standard M27A. NCCLS, Wayne, PA, **1997**.

FSC
www.fsc.org
MIX
Papier aus verantwortungsvollen Quellen
Paper from responsible sources
FSC® C105338

Printed by Books on Demand GmbH, Norderstedt / Germany